Alina Timm

Spezifikation von ARIMA-Modellen anhand des Box-Jenkins-Ansatzes

GRIN Verlag

Bibliografische Information der Deutschen Nationalbibliothek:

Die Deutsche Bibliothek verzeichnet diese Publikation in der Deutschen Nationalbibliografie; detaillierte bibliografische Daten sind im Internet über http://dnb.d-nb.de/ abrufbar.

Impressum:

Druck und Bindung: Books on Demand GmbH, Norderstedt Germany
ISBN: 978-3-668-00443-6

Dieses Buch bei GRIN:

http://www.grin.com/de/e-book/301247/spezifikation-von-arima-modellen-anhand-des-box-jenkins-ansatzes

Universität Hamburg
Fakultät für Betriebswirtschaft
Lehrstuhl für BWL, insbesondere Mathematik & Statistik in den Wirtschaftswissenschaften

Bachelorarbeit

Spezifikation von ARIMA-Modellen unter Verwendung des Box-Jenkins-Ansatzes

eingereicht von:

Timm, Alina

Studiengang: Betriebswirtschaftslehre

b

Abgabedatum:

24.07.2014

Inhaltsverzeichnis

Abbildungsverzeichnis

Tabellenverzeichnis

Abkürzungen und Akronyme

ACF Autokorrelationsfunktion

AIC Akaike Information Criterion

AR Autoregressiv

ARIMA Autoregressiv Integriert Moving-Average

ARMA Autoregressiv Moving-Average

BIC Bayesian Information Criterion

bzw. beziehungsweise

CLS Conditional Least Sum of Squares

d.h. das heißt

KQ Kleinste Quadrate

MA Moving-Average

ML Maximum Likelihood

NV Normalverteilung

PACF Partielle Autokorrelationsfunktion

QQ Quantile-Quantile

u.a. unter anderem

ULS Unconditional Least Sum of Squares

WN White-Noise

z.B. zum Beispiel

1 Einleitung

Daten, die über die Zeit hinweg kontinuierlich beobachtet und aufgezeichnet werden, sind vor allem in der Ökonometrie von enormer Wichtigkeit. Mit ihrer Hilfe können zukünftige Werte der Zeitreihe prognostiziert werden, nachdem ein geeignetes Modell an die Daten angepasst wurde. Unter einer Zeitreihe wird eine geordnete Folge von Beobachtungen verstanden. Diese liegen beispielsweise in Form von Aktienkursen, Inflationsraten, zeitlichen Entwicklungen des Bevölkerungswachstums oder auch als Absatzzahlen und Produktionsmengen vor. Mittels der Zeitreihen sollen die Veränderungen und Entwicklungen zugrunde liegender Variablen beobachtet und analysiert werden. Die Ziele der Zeitreihenanalyse sind dabei die Identifikation bestimmter Regelmäßigkeiten und Muster in den Daten sowie die Modellierung des datengenerierenden Prozesses und die Prognose zukünftiger Werte.

Die vorliegende Arbeit beschäftigt sich mit der Modellspezifikation univariater Zeitreihen anhand des Box-Jenkins-Ansatzes, in dessen Rahmen ein geeignetes Modell an den datengenerierenden Prozess angepasst werden soll. Wurde ein adäquates Modell für den Prozess gefunden, können mit seiner Hilfe Prognosen für zukünftige Werte der Zeitreihe ermittelt werden. Die Güte des angepassten Modells bestimmt dabei die Genauigkeit der prognostizierten Werte, weshalb es wichtig ist, das Modell mit großer Sorgfalt den gegebenen Daten anzupassen. Das Ziel dieser Arbeit ist es, die Spezifikation verschiedener univariater Zeitreihenmodelle vorzustellen.

Im Hinblick darauf werden im zweiten Kapitel einige benötigte Grundlagen der Zeitreihenanalyse eingeführt, welche die Basis zu weiteren Ausführungen bilden sollen. Hierzu gehören unter anderem der White-Noise Prozess, der Gauß Prozess sowie der Random Walk als einfachste Zeitreihenmodelle. Die statistischen Kennfunktionen und Stationarität als wichtige Voraussetzung für die Modellspezifikation werden ebenfalls im zweiten Kapitel thematisiert.

Das dritte Kapitel befasst sich mit verschiedenen univariaten Zeitreihenmodellen, die für eine Anpassung der Daten zur Verfügung stehen. Hierzu zählen Autoregressive (AR), Moving-Average (MA), Autoregressive Moving-Average (ARMA) und Autoregressive Integrierte Moving-Average (ARIMA) Modelle. Ihre Charakteristiken, wichtigsten Eigenschaften und die zugehörigen Plots der verschiedenen Modelle werden im Verlauf des Kapitels dargelegt.

Im Anschluss wird im vierten Kapitel dieser Arbeit die eigentliche Modellspezifikation und deren verschiedene Schritte im Rahmen des Box-Jenkins-Ansatzes behandelt.

Zunächst wird dazu ein grober Überblick über den Ablauf der Spezifikation gegeben, bevor im Folgenden näher auf die einzelnen Schritte eingegangen wird. Insbesondere der erste Schritt wurde dabei von George E. P. Box und Gwilym M. Jenkins geprägt, die eine spezielle Möglichkeit zur Identifikation des Modells anhand der statistischen Kennfunktionen entwickelten.

Abschließend erfolgt im fünften Kapitel eine Schlussbetrachtung, welche die vorliegende Arbeit zusammenfasst und einen Überblick über den Verlauf und die zur Verfügung stehenden Methoden innerhalb der einzelnen Schritte der Modellspezifikation liefert.

2 Grundlagen zu Zeitreihen und stochastischen Prozessen

Ein *stochastischer Prozess* $(Y_t)_{t\in\mathbb{Z}}$ ist eine Folge von Zufallsvariablen Y_t, wobei der Index t als (diskrete) Zeit aufgefasst wird. Durch ihn wird eine zufällige und dynamische Entwicklung einer ökonomischen Größe, wie z.B. ein Aktienindex, eine Inflationsrate oder eine Populationsgröße, beschrieben. Zu jedem Zeitpunkt $t \in \mathbb{Z}$ ist dem Prozess Y_t somit eine Zufallsvariable zugeordnet.

Eine konkrete Realisation $(Y_t(\omega))_{t\in\mathbb{Z}}$ eines Ausschnittes des stochastischen Prozesses wird als *Zeitreihe* oder auch als Pfad des Prozesses bezeichnet. Eine Zeitreihe ist demnach eine endliche Folge von Beobachtungen einer Variablen $y_1, y_2, \ldots, y_T$, die in regelmäßigen zeitlichen Abständen (z.B. jede Minute, Stunde, Woche, Monat etc.) erhoben wurden. T kennzeichnet dabei die Anzahl der Zeitpunkte, an denen Werte der Zeitreihe realisiert werden. Im Folgenden wird die Zeitreihe ebenfalls mit $(Y_t)_{t\in\mathbb{Z}}$ bezeichnet, da in der Literatur oft nicht deutlich zwischen der Zeitreihe und dem stochastischen Prozess differenziert wird. Des Weiteren beschäftigt sich diese Arbeit mit den univariaten Zeitreihen, die sich dazu eignen, die Dynamik einzelner Zeitreihen zu untersuchen. Sollen die dynamischen Interaktionen zwischen verschiedenen Variablen betrachtet werden, bieten sich multivariate Zeitreihenmodelle an, welche aber kein Bestandteil der vorliegenden Arbeit sind.

Zwei der einfachsten stochastischen Prozesse, und dennoch von großer Bedeutung in der Zeitreihenanalyse, sind der Gauß und der White-Noise Prozess. Ein *Gauß Prozess* ist ein stochastischer Prozess, bei dem die Randverteilungen des Prozesses normalverteilt sind.

Als *White-Noise Prozess* (Weißes Rauschen) wird eine Folge $(\varepsilon_t)_{t\in\mathbb{Z}}$ von unabhängigen und identisch verteilten Zufallsvariablen ε_t bezeichnet. Für diese gilt:

$$E[\varepsilon_t] = 0 \quad \text{und} \quad \text{Cov}(\varepsilon_s, \varepsilon_t) = \begin{cases} \sigma^2 & \text{für } s = t \\ 0 & \text{für } s \neq t \end{cases}$$

Da alle Zufallsvariablen eines White-Noise Prozesses unkorreliert sind, also in keinem Zusammenhang zueinander stehen, können mit Hilfe der Beobachtungen aus der Vergangenheit keinerlei Rückschlüsse auf den zukünftigen Verlauf des Prozesses gezogen werden. Ein White-Noise Prozess ist daher ein Prozess ohne Gedächtnis (Short-term Memory). Dennoch ist er in der Zeitreihenanalyse von besonderem Interesse, da er für die Konstruktion komplexer stochastischer Prozesse, die im folgenden Kapitel eingeführt werden, benötigt wird. Die Kombination aus einem White-Noise Prozess und einem Gauß Prozess wird *Gaußscher White-Noise Prozess* genannt. Auch in der Modellspezifikation spielen White-Noise Prozesse eine große Rolle. Bei der Modellwahl wird darauf geachtet, ob die Residuen einer Zeitreihe als White-Noise Prozess beschrieben werden können. Ist dies der Fall, kann angenommen werden, dass alle systematischen Komponenten im angepassten Modell erfasst wurden und ein adäquates Modell gefunden wurde.[1]

Die Annahme der identisch verteilten und unabhängigen Zufallsvariablen ist in der Praxis bei zeitlich geordneten Beobachtungsdaten allerdings sehr selten vorzufinden. Daher wird typischerweise davon ausgegangen, dass zwischen den Zufallsvariablen einer Zeitreihe Abhängigkeit besteht. Aufgrund dieser Abhängigkeiten können die Zufallsvariablen einer Zeitreihe auch durch eine gemeinsame Wahrscheinlichkeitsverteilung $p(Y_1, Y_2, \ldots, Y_T)$ dargestellt werden, welche das Verhalten der einzelnen Zufallsvariablen insbesondere durch die ersten und zweiten Momente, also Erwartungswert, Varianze und Autokovarianz, beschreibt. Oft wird diesen Charakeristika des Prozesses Zeitinvarianz unterstellt, da die Werte aus den empirischen Daten nur geschätzt und für eine sinnvolle Analyse des Prozesses genutzt werden können, wenn sie über die Zeit hinweg konstant sind und demnach *Stationarität* aufweisen.

Dabei wird zwischen schwacher und strenger Stationarität unterschieden. Unter *schwacher Stationarität* wird ein stochastischer Prozess $(Y_t)_{t\in\mathbb{Z}}$ verstanden, der mittelwert- und kovarianzstationär ist. Es gilt also $\forall t$ und $\forall \tau$ $(t, \tau \in \mathbb{Z})$:

$$
\begin{aligned}
E[Y_t] &= \mu \\
\mathrm{Var}(Y_t) &= \sigma^2 \\
\mathrm{Cov}(Y_t, Y_{t+\tau}) &= \gamma_{t,t+\tau} = \gamma_\tau
\end{aligned}
$$

Die Autokovarianz γ_τ zweier Zufallsvariablen des stochastischen Prozesses $(Y_t)_{t\in\mathbb{Z}}$ hängt dabei lediglich von der Zeitdifferenz τ ab und nicht von der Zeit t. Der oben eingeführte White-Noise Prozess ist schwach stationär, da sein Erwartungswert sowie seine Autokovarianzfunktion zeitinvariant sind.

Es wird von *strenger Stationarität* gesprochen, falls zusätzlich zu den Bedingungen der schwachen Stationarität gilt, dass die gesamte gemeinsame Verteilung der Zufallsvariablen Y_t zeitinvariant ist, d.h.

$$
p(Y_t, \ldots, Y_{t+k}) = p(Y_{t+\tau}, \ldots, Y_{t+k+\tau})
$$

[1] Vgl. Schlittgen (2012), S. 5

$\forall t$, $\forall \tau$ und $\forall k$. Strenge Stationarität impliziert demzufolge schwache Stationarität, umgekehrt ist dies jedoch nur der Fall, wenn Gauß Prozesse betrachtet werden. Im weiteren Verlauf dieser Arbeit ist die schwache Stationarität allerdings hinreichend für alle weiteren Betrachtungen.

Sind die Bedingungen der schwachen Stationarität nicht erfüllt, liegt ein instationärer Prozess vor. Auch diese Prozesse können durch bestimmte Modellierungen dargestellt werden, wie z.B. durch ARIMA-Modelle, welche in Kapitel 3 dieser Arbeit thematisiert werden.

Im ökonomischen Kontext ist meist das zugehörige stochastische Modell der Beobachtungen des Prozesses $(Y_t)_{t\in\mathbb{Z}}$ nicht bekannt, weswegen keine analytische Begründung der schwachen Stationarität möglich ist. Aufgrund dessen wird die Stationarität anhand der Zeitreihe Y_t untersucht. Dies kann unter anderem mit Hilfe der Autokovarianz- oder der Autokorrelationsfunktion geschehen, die im Folgenden eingeführt werden.

Die *Autokovarianzfunktion*

$$\gamma_\tau = \mathrm{Cov}(Y_t, Y_{t+\tau})$$

eines stochastischen Prozesses $(Y_t)_{t\in\mathbb{Z}}$ beschreibt den linearen Zusammenhang zwischen zwei Zufallsvariablen des Prozesses, der von der Zeitdifferenz, dem Lagparameter τ, abhängt. Die Kovarianz hängt zudem allerdings von dem Niveau der Variablen ab, weshalb sie nur ein bedingt geeignetes Maß ist, um die Kovarianzen verschiedener Zeitreihen miteinander zu vergleichen. Aus diesem Grund wird oft die *Autokorrelationsfunktion (ACF)*

$$\rho_\tau = \frac{\gamma_\tau}{\gamma_0}$$

mit $\gamma_0 = \sigma^2$ als normiertes Maß für die lineare Abhängigkeit zweier Zufallsvariablen herangezogen. Die Autokorrelationsfunktion nimmt dementsprechend Werte im Bereich von -1 bis 1 an, wobei sie mit sich selbst ($\tau = 0$) perfekt korreliert ($\rho_\tau = 1$) ist. Die gewöhnliche ACF erfasst jedoch alle Korrelationen sämtlicher Zufallsvariablen zwischen Y_t und $Y_{t-\tau}$.[2] Sollen nur die direkte Korrelation zwischen Y_t und $Y_{t-\tau}$ betrachtet werden, bietet es sich an, die *partielle Autokorrelationsfunktion (PACF)* als Instrument zur Beschreibung linearer Abhängigkeiten zu nutzen. Die PACF π_τ eines Prozesses misst lediglich den linearen Zusammenhang zwischen Y_t und $Y_{t-\tau}$ nach Bereinigung

[2] Vgl. Shumway/Stoffer (2010), S. 21

des Einflusses der dazwischen liegenden Zufallsvariablen $(Y_{t-1}, \ldots, Y_{t-\tau+1})$. Dabei gilt:

$$\pi_0 = 1 \text{ (}Y_t\text{ ist perfekt mit sich selbst korreliert)}$$
$$\pi_1 = \rho_1 \text{ (Für } \tau = 1 \text{ entspricht die PACF der ACF)}$$
$$\pi_\tau = \pi_{-\tau} \text{ (Die PACF ist hierdurch auch für } \pi < 0 \text{ erklärt)}$$[3]

Stationarität im Allgemeinen ist in realen ökonomischen Prozessen nicht immer gegeben. Oft weisen ökonomische Zeitreihen größere Schwankungen auf, was verschiedene Gründe von Nichtstationarität, wie beispielsweise Saisonalität oder einen Trend, zur Ursache haben kann. Trends äußern sich durch eine konstante Aufwärts- oder Abwärtsbewegung der Zufallsvariablen eines Prozesses über die Zeit hinweg, wodurch die Mittelwertstationarität nicht mehr gegeben ist. Um die Zeitreihen im ökonomischen Zusammenhang dennoch sinnvoll analysieren zu können, muss eine Transformation der Daten durchgeführt werden, um Stationarität in der Zeitreihe zu erlangen. Zunächst sollen dazu zwei Arten von Trends in Zeitreihen unterschieden werden.

Die Ursache der Mittelwertinstationarität kann zum einen ein *deterministischer Trend* sein, in dessen Fall die Zeitreihen des stochastischen Prozesses um die Trendgerade schwanken. Der Trend ist hierbei eine Funktion der Zeit t, welche die Grundrichtung des Prozessverlaufes bestimmt. Die Abweichungen vom Trend sind rein zufällig und stationär, was bedeutet, dass der Prozess immer eine Tendenz zum Trend aufweist und die Abweichungen somit keinen Einfluss auf das langfristige Verhalten des Prozesses haben. Deshalb kann auch von einem *trend-stationären Prozess* gesprochen werden. Um deterministische Trends zu beseitigen, müssen zunächst die Parameter der Trendfunktion geschätzt werden, um danach mit Hilfe der Regression die Werte des trendbereinigten Prozesses zu bestimmen.[4]

Zum anderen kann ein *stochastischer Trend* die Ursache für eine Mittelwertinstationarität sein. Ein typischer stochastischer Trend ist die Realisation einer Zeitreihe in Form eines Random Walks. Sei ε_t ein White-Noise Prozess, dann heißt

$$Y_t = c + Y_{t-1} + \varepsilon_t$$

Random Walk mit Drift c und wird auch Zufallsbewegung oder Irrfahrt genannt. Ist $c = 0$ handelt es sich um einen *Random Walk ohne Drift*. Random Walks mit oder ohne Drift zeichnen sich dadurch aus, dass der aktuelle Wert des Prozesses sich nahezu

[3] Vgl. Schlittgen/Streitberg (2001), S. 194
[4] Vgl. Cryer/Chan (2008), S. 30

perfekt durch den vergangenen Wert Y_{t-1} prognostizieren lässt. Ein Random Walk wird aus diesem Grund auch als Prozess mit langem Gedächtnis (long Memory) bezeichnet, da zufällige Schocks im Gedächtnis des Prozesses bleiben und so der erwartete Prognosefehler steigt. Prozesse mit stochastischem Trend können durch Differenzenbildung in einen stationären Prozess überführt werden, weswegen sie auch *differenz-stationäre Prozesse* genannt werden.[5]

In der Ökonometrie treten in den Variablen öfter stochastische als deterministische Trends auf, weshalb im weiteren Verlauf dieser Arbeit von stochastischen Trends ausgegangen werden kann, wenn von trendbehafteten Prozessen gesprochen wird.

[5] Vgl. Hackl (2005), S. 236

3 Univariate Zeitreihenmodelle

Im letzten Kapitel wurden die Grundlagen der Zeitreihenanalyse eingeführt. Dabei wurden unter anderem zwei Arten von Prozessen, der White-Noise Prozess und der Random Walk, veranschaulicht, die in diesem Kapitel eine wichtige Rolle bei der Modellierung komplexer stochastischer Prozesse spielen werden. In diesem Abschnitt der Arbeit sollen nun verschiedene Zeitreihenmodelle vorgestellt und deren Anwendung beschrieben werden.

Zunächst wird jedoch der Lag-Operator eingeführt, mit dessen Hilfe Zeitreihenmodelle kompakter dargestellt werden können. Der *Lag-Operator* L (oder in der Literatur oft auch als Backshift-Operator B bezeichnet) ist ein linearer Filter, mit dem die gesamte Zeitreihe um eine Zeiteinheit in die Vergangenheit verschoben wird:

$$\mathrm{L}Y_t = Y_{t-1}$$

Wird Lag-Operator mehrmals hintereinander ausgeführt, lässt sich die Anzahl der Anwendungen d als Potenz definieren. Folglich kann der Lag-Operator L allgemeiner als $\mathrm{L}^d Y_t = Y_{t-d}$ geschrieben werden.[6]

Aufgrund verschiedener Eigenschaften von Lag-Operatoren ist es möglich, Polynome $p(\mathrm{L})$ im Lag-Operator L zu definieren und mit ihnen wie mit gewöhnlichen Polynomen $p(x)$ zu arbeiten.[7]

3.1 Autoregressive Modelle

Im weiteren Verlauf dieses Abschnittes wird der *Autoregressive Operator der Ordnung* $p \in \mathbb{N}$

$$\Phi_p(\mathrm{L}) := 1 - \sum_{j=1}^{p} \phi_j \mathrm{L}^j$$

mit $\phi_1, \ldots, \phi_p \in \mathbb{R}$ und $\phi_p \neq 0$ wichtig sein, weswegen er gleich zu Beginn vorgestellt wird. Ein Autoregressiver Prozess der Ordnung p definiert sich nun wie folgt:

Definition 3.1 *Ein stochastischer Prozess* $(Y_t)_{t\in\mathbb{Z}}$ *heißt Autoregressiver Prozess der*

[6] Vgl. Johannssen (2009), S. 7

[7] Vgl. Neusser (2009), S. 22

Ordnung $p \in \mathbb{N}$ *(kurz AR(p)), wenn er der Darstellung*

$$\begin{aligned} Y_t &= \phi_0 + \phi_1 Y_{t-1} + \ldots + \phi_p Y_{t-p} + \varepsilon_t \\ &= \phi_0 + \sum_{j=1}^{p} \phi_j Y_{t-j} + \varepsilon_t \end{aligned} \tag{3.1}$$

genügt, wobei ε_t *ein White-Noise Prozess mit* $E[\varepsilon_t] = 0$ *und* $\mathrm{Var}(\varepsilon_t) = \sigma^2$ *ist und* $\phi_1, \ldots, \phi_p \in \mathbb{R}$, $\phi_p \neq 0$ *gilt.*

$\triangleleft$

Wird für die Darstellung des AR(p)-Prozesses der oben eingeführte Lag-Operator L genutzt, führt dies zu der kompakteren Schreibweise

$$\begin{aligned} (1 - \phi_1 \mathrm{L} - \ldots - \phi_p \mathrm{L}^p) Y_t &= \phi_0 + \varepsilon_t \\ \Leftrightarrow \quad \Phi_p(\mathrm{L}) Y_t &= \phi_0 + \varepsilon_t. \end{aligned}$$

Die Innovation ε_t, die als neue Information zum Zeitpunkt t in das Modell mit eingeht, beeinflusst somit den zukünftigen Wert des Prozesses, nicht aber die vergangenen Werte, da er unkorreliert mit den Vergangenheitsdaten $Y_{t-1}, \ldots, Y_{t-p}$ ist. ε_t fasst alle Umwelteinflüsse zusammen, die auf die untersuchten ökonomischen Variablen zum Zeitpunkt t einwirken. Bei dem Autoregressiven Modell wird der aktuelle Wert Y_t durch eine Linearkombination der p vergangenen Werte $Y_{t-1}, \ldots, Y_{t-p}$ modelliert. Die Gleichung des AR(p)-Prozesses entspricht dem klassischen Regressionsansatz, allerdings sind die Regressoren hierbei die um p zeitlich verschobenen Zufallsvariablen $Y_{t-1}, \ldots, Y_{t-p}$.[8] Daher kommt auch die Bezeichnung "autoregressiv", denn der Prozess wird praktisch auf sich selbst regressiert. In Abbildung 1 ist ein beispielhafter AR(p)-Prozess mit $p = 3$ dargestellt. Der AR(3)-Prozess setzt sich aus einer Linearkombination der drei vergangenen Beobachtungen zusammen.

[8] Vgl. Tsay (2010) S. 37

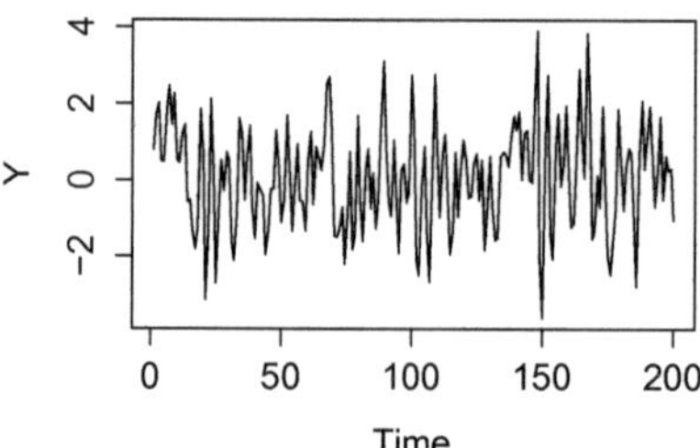

Abbildung 1: Darstellung eines simulierten AR(3)-Prozesses

Der Erwartungswert μ von Y_t kann durch Erwartungswertbildung auf beiden Seiten der Gleichung (3.1) gebildet werden:

$$E[Y_t] = \mu = \frac{\phi_0}{(1 - \phi_1 - \ldots - \phi_p)}$$

Falls $\phi_0 = 0$ gilt, hat auch Y_t den Erwartungswert Null und ist somit stationär.[9]

Ein AR(p)-Prozess ist genau dann schwach stationär, wenn die p Nullstellen $z_1, \ldots, z_p \in \mathbb{C}$ des Autoregressiven Polynoms $\Phi_p(z) := 1 - \sum_{j=1}^{p} \phi_j z^j$ nicht auf dem Einheitskreis liegen, wenn also für alle Lösungen des charakteristischen Polynoms

$$1 - \phi_1 z - \phi_2 z^2 - \ldots - \phi_p z^p = 0$$

$|z_i| \neq 1$ für $i = 1, \ldots, p$ gilt. Sollte das Autoregressive Polynom $\Phi_p(z)$ nur Nullstellen außerhalb des Einheitskreises besitzen ($|z_i| > 1$), ist der dazugehörige AR(p)-Prozess kausal. Bei einem AR(p)-Prozess impliziert Kausalität somit schwache Stationarität.[10] Unter dieser Stationaritätsbedingung können AR(p)-Modelle auch als MA(∞)-Darstellung geschrieben werden, was in Abschnitt 3.2 dieser Arbeit genauer erläutert wird.

Ein AR(p)-Prozess ist im Gegensatz zu anderen Modellen folglich nicht automatisch schwach stationär. Dies lässt sich leicht anhand eines AR(1)-Prozesses $Y_t = \phi_1 Y_{t-1} + \varepsilon_t$ mit $\phi_1 = 1$ beweisen, denn hierbei handelt es sich um einen Random Walk, der nicht schwach stationär ist. Falls $|\phi_1| > 1$ gilt, ist Y_t ebenfalls nicht stationär und wird als explodierender Prozess bezeichnet.

[9] Vgl. Schlittgen (2012), S. 57
[10] Vgl. Schlittgen/Streitberg (2001), S. 122

Um die Eigenschaften eines Autoregressiven Prozesses der Ordnung p zu charakterisieren, bietet sich insbesondere die Autokorrelationsfunktion ρ_τ an. Wird ein bei Null zentrierter AR(p)-Prozess

$$Y_t = \phi_1 Y_{t-1} + \ldots + \phi_p Y_{t-p} + \varepsilon_t$$

mit $Y_{t-\tau}, \tau > 0$ multipliziert und dann der Erwartungswert gebildet, ergibt sich

$$E[Y_{t-\tau}Y_t] = \phi_1 E[Y_{t-\tau}Y_{t-1}] + \ldots + \phi_p E[Y_{t-\tau}Y_{t-p}] + E[Y_{t-\tau}\varepsilon_t]. \tag{3.2}$$

Mit $E[Y_{t-\tau}Y_t] = \gamma_\tau$ und $E[Y_{t-\tau}\varepsilon_t] = 0$ führt dies zur Autokovarianzfunktion des AR(p)-Prozesses:

$$\gamma_\tau = \phi_1 \gamma_{\tau-1} + \ldots + \phi_p \gamma_{\tau-p} \tag{3.3}$$

Die Autokorrelationsfunktion des stationären AR(p)-Prozesses folgt aus (3.3) durch Division der Varianz $\sigma_Y^2 = \gamma(0)$

$$\rho_\tau = \phi_1 \rho_{\tau-1} + \ldots + \phi_p \rho_{\tau-p}. \tag{3.4}$$

Dabei werden die Gleichungen (3.2), (3.3) und (3.4) auch als *Yule-Walker-Gleichungen* bezeichnet. Diese sind besonders nützlich bei der Parameterschätzung eines AR(p)-Modells mit bekannter Autokorrelationsfunktion oder umgekehrt bei der Bestimmung der ACF für gegebene Parameter.

3.2 Moving-Average Modelle

Ähnlich wie bei den AR(p)-Modellen spielt der *Moving-Average Operator der Ordnung* $q \in \mathbb{N}$

$$\Theta_q(\mathrm{L}) := \sum_{j=0}^{q} \theta_j \mathrm{L}^j$$

mit $\theta_0 := 1; \theta_1, \ldots, \theta_q \in \mathbb{R}$ und $\theta_q \neq 0$ im Verlauf dieses Abschnittes eine wichtige Rolle und wird daher wieder zu Beginn eingeführt. Ein Moving-Average Prozess der Ordnung q ist nun wie folgt definiert:

Definition 3.2 *Ein stochastischer Prozess* $(Y_t)_{t\in\mathbb{Z}}$ *heißt Moving-Average Prozess der*

Ordnung $q \in \mathbb{N}$ *(kurz MA(q)), wenn er sich in der Form*

$$Y_t = \varepsilon_t - \theta_1 \varepsilon_{t-1} - \ldots - \theta_q \varepsilon_{t-q}$$
$$= \sum_{j=0}^{q} \theta_j \varepsilon_{t-j}$$

mit $\theta_0 := 1; \theta_1, \ldots, \theta_q \in \mathbb{R}$ *und* $\theta_q \neq 0$ *darstellen lässt und wobei* ε_t *ein White-Noise Prozess mit* $E[\varepsilon_t] = 0$ *und* $\operatorname{Var}(\varepsilon_t) = \sigma^2$ *ist.*

$\triangleleft$

Auch hier kann der Lag-Operator L für eine kompaktere Schreibweise herangezogen werden:

$$Y_t = \Theta_q(\mathrm{L})\varepsilon_t \quad \text{mit} \quad \Theta_q(\mathrm{L}) = 1 - \theta_1 \mathrm{L} - \ldots - \theta_q \mathrm{L}^q$$

Ein MA(q)-Prozess ist demnach die gewichtete Summe der gegenwärtigen und der vergangenen Innovationen ε_t, welche untereinander unabhängig und unkorreliert sind und maximal q Zeiteinheiten zurückliegen. Da es sich hierbei um die Summe von unabhängigen Zufallsvariablen handelt, ist ein MA-Prozess endlicher Ordnung immer kovarianz- und mittelwertstationär, es gilt also $E[Y_t] = 0$. MA(∞)-Prozesse sind dann stationär, wenn die gewichteten Innovationen absolut summierbar sind und dementsprechend $\sum |\theta_j| < \infty$ gilt. Zudem entspricht ein MA-Prozess der Ordnung $q = 0$ einem White-Noise Prozess $(\varepsilon_t)_{t \in \mathbb{Z}}$.

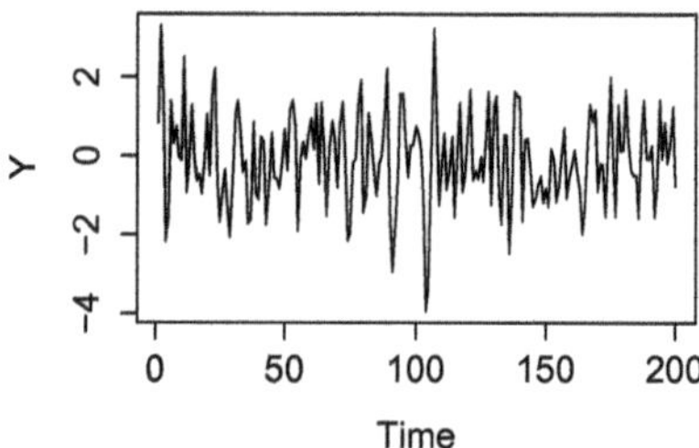

Abbildung 2: Darstellung eines simulierten MA(2)-Prozesses

In Abbildung 2 ist ein beispielhafter MA(q)-Prozess mit $q = 2$ dargestellt. Dieser spezielle MA(2)-Prozess setzt sich demnach aus zwei Innovationen zusammen.

Die Autokovarianzfunktion γ_τ eines MA(q)-Prozesses ergibt sich zu

$$\gamma_\tau = \begin{cases} \sigma_\varepsilon^2 \sum_{j=0}^{q-\tau} \theta_j \theta_{j+\tau} & \text{für } |\tau| \leq q \\ 0 & \text{für } |\tau| > q \end{cases}$$

Ein Moving-Average Prozess der Ordnung q ist damit insbesondere mittelwert- und kovarianzstationär.[11] Mit Hilfe des *Wold'schen Zerlegungssatzes* kann gezeigt werden, dass jeder schwach stationäre und q-korrelierte Prozess $(Y_t)_{t\in\mathbb{Z}}$ mit $E[Y_t] = 0$, $\forall t \in \mathbb{Z}$ als MA(q)-Prozesse modelliert werden kann.[12]

Die Autokorrelationsfunktion ρ_τ eines MA(q)-Prozesses lässt sich wie folgt darstellen:

$$\rho_\tau = \begin{cases} \frac{1}{\sum_{i=0}^{q} \theta_i^2} \sum_{j=0}^{q-\tau} \theta_j \theta_{j+\tau} & \text{für } |\tau| \leq q \\ 0 & \text{für } |\tau| > q \end{cases}$$

Eine der wichtigsten Eigenschaften von Moving-Average Prozessen lässt sich bereits an der Autokorrelationsfunktion zeigen: Sie bricht ab, sobald das Lag τ größer ist als die Ordnung q des Prozesses.[13]

Da es sich bei den White-Noise Prozessen $(\varepsilon_t)_{t\in\mathbb{Z}}$ im Gegensatz zu den Zufallsvariablen Y_t um nicht beobachtbare Größen handelt, sind die empirischen Werte $Y_t, Y_{t-1}, \ldots, Y_{t-q}$ zur Schätzung der Innovationen ε_t notwendig. Dies führt zu der Eigenschaft der Invertierbarkeit von MA(q)-Modellen. Ein MA(q)-Prozess ist dann invertierbar, wenn die q Nullstellen $z_1, \ldots, z_q \in \mathbb{C}$ des Moving-Average Polynoms $\Theta_q(z) := \sum_{j=0}^{q} \theta_j z^j$ außerhalb des Einheitskreises liegen, wenn also für alle Lösungen der charakeristischen Gleichung

$$1 - \theta_1 z - \theta_2 z^2 - \ldots - \theta_q z^q = 0$$

$|z_i| > 1$ für $i = 1, \ldots, q$ gilt. Anhand der gegenwärtigen und den vergangenen Beobachtungen $Y_t, Y_{t-1}, \ldots, Y_{t-q}$ kann ε_t bei einem invertierbaren MA(q)-Prozess rekonstruiert werden. Bei nicht-invertierbaren Prozessen ist dies nicht der Fall.

Im vergangenen Abschnitt 3.1 wurde bereits erwähnt, dass jeder stationäre AR(p)-Prozess sich als MA(∞)-Prozess darstellen lässt. Die Zufallsvariable Y_t ist dabei ein gewichteter Durchschnitt aller vergangenen Werte des White-Noise Prozesses $(\varepsilon_t)_{t\in\mathbb{Z}}$,

[11] Vgl. Merz (2013)
[12] Vgl. Wold (1938) für weitere Ausführungen
[13] Vgl. Schlittgen/Streitberg (2001), S. 117

wobei das Gewicht immer kleiner wird, je weiter der Wert zurückliegt:

$$Y_t = \sum_{j=0}^{\infty} \Psi_j \varepsilon_{t-j}$$

Für die Folge $(\Psi_j)_{j\in\mathbb{N}_0}$ gilt die Eigenschaft $\sum_{j=0}^{\infty} |\Psi_j| < \infty$. Alle Prozesse, die als MA(∞)-Darstellung geschrieben werden können, werden als lineare Prozesse bezeichnet. Diese spielen aufgrund des Wold'schen Zerlegungssatz eine wichtige Rolle in der Zeitreihenanalyse. Der Zerlegungssatz besagt, dass jeder stationäre Prozess Y_t als Summe zweier unkorrelierter Prozesse dargestellt werden kann. Eine Komponente ist dabei deterministisch, was bedeutet, dass sie exakt vorhersehbar ist. Die andere Komponente ist ein MA(∞)-Prozess.[14]

Andersherum lässt sich jeder invertierbare MA(q)-Prozess in einen AR(∞)-Prozess überführen. Das bedeutet, wie schon erwähnt, dass der White-Noise Prozess ε_t sich als Summe gewichteter aktueller und vergangener Beobachtungen darstellen lässt:

$$\varepsilon_t = Y_t \sum_{j=1}^{\infty} \varpi_j Y_{t-j}$$

Die Folge $(\varpi_j)_{j\in\mathbb{N}}$ hat die Eigenschaft der absoluten Summierbarkeit, es gilt also $\sum_{j=1}^{\infty} |\varpi_j| < \infty$. Je weiter der Wert in der Vergangenheit liegt, desto kleiner wird auch hierbei das Gewicht.[15]

Beide Modellklassen, AR(p)- sowie MA(q)-Modelle, haben ihre Vorteile und Nachteile. AR(p)-Prozesse sind zwar leichter zu interpretieren, liefern aber keine gute Beschreibung, falls nur wenige Autokorrelationen von Null verschieden sind, da die ACF zwar gegen Null geht, sie aber nie erreicht. Die ACF eines MA(q)-Prozesses ist dagegen Null für alle $|\tau| > q$, hat aber den Nachteil, dass die ACF für zwei verschiedene MA(q)-Modelle der gleichen Ordnung mit unterschiedlichen White-Noise Prozessen ε_t und υ_t nicht zu unterscheiden sein könnten. Die Kombination von AR(p)- und MA(q)-Modellen vereint die Vorteile der beiden Modelle, in dem ein AR-Prozess mit einem MA-Fehlerterm modelliert wird. Dies führt zu der gemischten Modellklasse der ARMA-Modelle, welche im nächsten Abschnitt thematisiert wird.

[14] Vgl. zu vorangegangenen Ausführungen Wold (1938)

[15] Vgl. Montgomery/Jennings/Kulahci (2008), S. 252

3.3 Autoregressive Moving-Average Modelle

Weisen die einzelnen Beobachtungen Y_t einer Zeitreihe $(Y_t)_{t\in\mathbb{Z}}$ komplizierte lineare Abhängigkeitsstrukturen auf, können Autokovarianz- und Autokorrelationsfunktion oft nur durch ein AR(p)- oder MA(q)-Modell mit sehr vielen Parametern $\phi_1, \ldots, \phi_p$ bzw. $\theta_0, \ldots, \theta_q$, also mit einer großen Ordnung p bzw. q modelliert werden. Das entspricht allerdings nicht dem *Prinzip der Sparsamkeit (principle of parsimony)*, nach welchem ein Modell mit möglichst wenigen Parametern an die vorliegenden Beobachtungen angepasst werden sollte. Es ist naheliegend, die beiden Modellklassen miteinander zu kombinieren und so ein gemischtes Modell zu erhalten, welches zwei verschiedene Abhängigkeitsstrukturen beinhaltet.[16]

Definition 3.3 *Ein stochastischer Prozess $(Y_t)_{t\in\mathbb{Z}}$ heißt Autoregressiver Moving-Average Prozess der Ordnung (p,q) (kurz ARMA(p,q)-Prozess), wenn sich die Differenzengleichung zu*

$$\begin{aligned} Y_t &= \phi_1 Y_{t-1} + \ldots + \phi_p Y_{t-p} + \varepsilon_t - \theta_1 \varepsilon_{t-1} - \theta_q \varepsilon_{t-q} \\ &= \sum_{j=1}^{p} \phi_j Y_{t-j} + \sum_{j=0}^{q} \theta_j \varepsilon_{t-j} \end{aligned}$$

mit $t \in \mathbb{Z}$ und dem White-Noise Prozess ε_t mit $E[\varepsilon_t] = 0$ und $\mathrm{Var}(\varepsilon_t) = \sigma^2$ ergibt. Dabei sind $\phi_1, \ldots, \phi_p, \theta_1, \ldots, \theta_q \in \mathbb{R}$ sowie $\phi_p \neq 0, \theta_0 = 1$ und $\theta_q \neq 0$.

◁

Auch hier kann der Lag-Operator L nach einer geeigneten Umformung der Definitionsgleichung für eine kompaktere Darstellung genutzt werden:

$$\begin{aligned} Y_t - \phi_1 Y_{t-1} - \ldots - \phi_p Y_{t-p} &= \varepsilon_t - \theta_1 \varepsilon_{t-1} - \ldots - \theta_q \varepsilon_{t-q} \\ \Leftrightarrow \quad \Phi_p(\mathrm{L}) Y_t &= \Theta_q(\mathrm{L}) \varepsilon_t \end{aligned}$$

Ein Autoregressiver Moving-Average Prozess der Ordnung (p,q) setzt sich demnach aus den gewichteten vergangenen Beobachtungen $Y_{t-1}, \ldots, Y_{t-p}$ (AR-Komponente) und einer Gewichtung der aktuellen und der vergangenen Innovationen $\varepsilon_t, \varepsilon_{t-1}, \ldots, \varepsilon_{t-q}$ (MA-Komponente) zusammen. Das ARMA(p,q)-Modell berücksichtigt vergangene Beobachtungen sowie die aktuelle und die vergangenen Innovationen, womit sich mit wenigen Parametern adäquate Modelle an datengenerierende Prozesse anpassen lassen. Ein ARMA(p,q)-Prozess mit $q = 0$ (d.h. $\Theta_q(z) = 1$) entspricht einem AR(p)-Prozess und analog für $p = 0$ (d.h. $\Phi_p(z) = 1$) einem MA(q)-Prozess. In Abbildung 3 ist ein beispielhafter ARMA(p,q)-Prozess mit $p = 2$ und $q = 2$ dargestellt.

[16] Vgl. Schlittgen/Streitberg (2001), S. 135

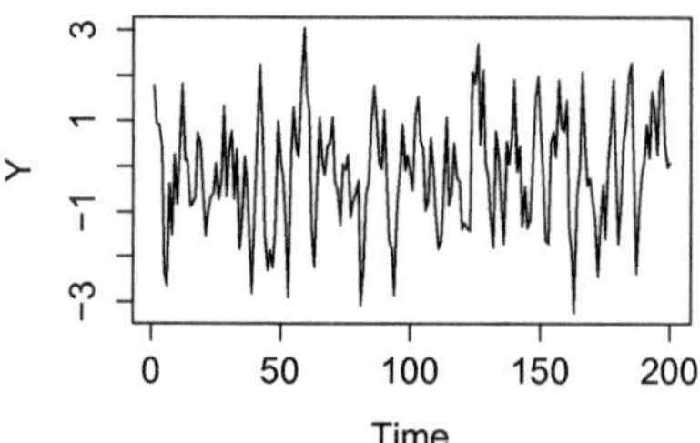

Abbildung 3: Darstellung eines simulierten ARMA(2, 2)-Prozesses

Jeder schwach stationäre Prozess $(Y_t)_{t\in\mathbb{Z}}$ kann beliebig genau durch einen ARMA(p,q)-Prozess approximiert werden, weswegen die Eigenschaften der Stationarität und der Invertierbarkeit auch in diesem Kontext eine entscheidende Rolle spielen.[17]

Wird der AR(p)-Anteil eines ARMA(p,q)-Prozesses betrachtet, ist dieser genau dann schwach stationär, falls keine der Nullstellen $z_1,\ldots,z_p \in \mathbb{C}$ des Autoregressiven Operators $\Phi_p(z)$ auf dem Einheitskreis liegt, also $|z_i| \neq 1$ für alle $i = 1,\ldots,p$ gilt. Ist diese Bedingung erfüllt, ist nicht nur der AR(p)-Anteil, sondern auch der ARMA(p,q)-Prozess schwach stationär.[18] Gilt zudem sogar, dass alle Nullstellen des Autoregressiven Operators $\Phi_p(z)$ außerhalb des Einheitskreises liegen, also $|z_i| > 1$ für alle $i = 1,\ldots,p$ gilt, ist der AR(p)-Anteil und somit auch der ARMA(p,q)-Prozess kausal. Wie auch bei dem einfachen AR(p)-Modell besitzt der ARMA(p,q)-Prozess Y_t dann eine MA(∞)-Darstellung

$$Y_t = \phi(\mathrm{L})^{-1}\theta(\mathrm{L})\varepsilon_t.$$

Ein ARMA(p,q)-Prozess ist invertierbar, wenn sein zum MA(q)-Anteil gehörender Moving-Average Operator $\Theta_q(z)$ nur Nullstellen $z_1,\ldots,z_q \in \mathbb{C}$ außerhalb des Einheitskreises besitzt, demzufolge wenn $|z_i| > 1$ für alle $i = 1,\ldots,q$ gilt. Der ARMA(p,q)-Prozess Y_t besitzt dementsprechend eine AR(∞)-Darstellung

$$\theta(\mathrm{L})^{-1}\phi(\mathrm{L})Y_t = \varepsilon_t.$$

Jeder stationäre, invertierbare ARMA(p,q)-Prozess kann durch einen reinen AR(p)- oder MA(q)-Prozess hinreichend großer Ordnung modelliert werden. Da bei der Modellwahl allerdings nach dem Prinzip der Sparsamkeit gehandelt werden sollte, wird

[17] Vgl. Neusser (2009), S. 21
[18] Vgl. Hamilton (1994), S. 60

in diesem Fall das ARMA(p,q)-Modell aufgrund der sparsameren Parametrisierung vorgezogen. Die folgende Tabelle soll die Ergebnisse bezüglich Stationarität und Invertierbarkeit von AR(p)-, MA(q)- und ARMA(p,q)-Prozessen veranschaulichen und zusammenfassen.

Bedingung für	AR(p)	MA(q)	ARMA(p,q)
Stationarität	Keine Nullstelle des Autoregressiven Polynoms liegt auf dem Einheitskreis	Stets stationär	Keine Nullstelle des Autoregressiven Polynoms des AR-Teils liegt auf dem Einheitskreis
Kausalität	Alle Nullstelle des Autoregressiven Polynoms liegen außerhalb des Einheitskreises	Stets kausal bzgl. seiner ε	Alle Nullstellen des Autoregressiven Polynoms des AR-Teils liegen außerhalb des Einheitskreises
Invertierbarkeit	Stets invertierbar	Alle Nullstellen des Moving-Average-Polynoms liegen außerhalb des Einheitskreises	Alle Nullstellen des Moving-Average-Polynoms des MA-Teils liegen außerhalb des Einheitskreises

Tabelle 1: Bedingungen für Stationarität und Invertierbarkeit bei AR-, MA- und ARMA-Prozessen [19]

Bei der Betrachtung von ARMA(p,q)-Modellen wird zudem stets von der Annahme ausgegangen, dass die zugehörigen Autoregressiven und Moving-Average Polynome $\Phi_p(z)$ bzw. $\Theta_q(z)$ keine gemeinsame Nullstelle besitzen. Dies würde zu Parameterredundanz und diese wiederum im Fall von Ignoranz oder Entgehen zu komplizierter angepassten Modellen führen. Durch einen Abgleich der Nullstellen von $\Phi_p(z)$ und $\Theta_q(z)$ kann dies vermieden und der zugehörige betroffene Linearfaktor aus dem Modell herausgekürzt werden, wodurch ein Modell geringerer Ordnung resultiert.

Neben dem Bedarf einer relativ geringen Parameteranzahl haben ARMA-Modelle einen weiteren Vorteil, welcher sich bei der Überlagerung zweier unabhängiger ARMA-Prozesse zeigt. Bei der Überlagerung zweier MA-Prozesse bildet sich wieder ein MA-

[19] Angelehnt an die Darstellung in Johannssen (2009), S. 11

Prozess. Anders verhalten sich zwei AR-Prozesse bei ihrer Überlagerung. In diesem Fall ergibt sich meist ein gemischter ARMA-Prozess mit einem nicht-verschwindendem MA-Anteil.

Die Summe zweier unabhängiger ARMA-Prozesse X_t und Y_t der Ordnung (p_1, q_1) bzw. (p_2, q_2) dagegen ergibt wiederum einen ARMA-Prozess der Ordnung (p, q). Für (p, q) gilt dabei

$$p \leq p_1 + p_2$$
$$q \leq \max(p_1 + q_2, p_2 + q_1).$$ [20]

Der Vollständigkeit halber und für den weiteren Verlauf dieser Arbeit soll auch in diesem Abschnitt die dem ARMA-Modell zugehörige Autokovarianzfunktion eingeführt werden:

$$\gamma(\tau) = \begin{cases} \sum_{j=1}^{p} \phi_j \gamma(\tau - j) & \text{für } |\tau| \geq \max\{p, q+1\} \\ \sum_{j=1}^{p} \phi_j \gamma(\tau - j) + \sigma^2 \sum_{j=\tau}^{q} \theta_j \Psi_{j-\tau} & \text{für } 0 \leq |\tau| < \max\{p, q+1\} \end{cases}$$

Hierbei sind $\Psi_{j-\tau}$ die Koeffizienten aus der MA(∞)-Darstellung.[21]

ARMA-Modelle sind in der Ökonometrie, insbesondere in der Makroökonomie, von großer Bedeutung, denn dort liegen Beobachtungen oft als aggregierte Zeitreihen vor, die nicht alle demselben Modell folgen. In diesen Fällen bieten sich ARMA-Modelle an, da sie die vergangenen Beobachtungen der Variablen Y_t sowie die Umwelteinflüsse in Form von der aktuellen und den vergangenen Innovationen ε_t bei der Modellierung berücksichtigen.[22] Die meisten ökonomischen Zeitreihen folgen allerdings keinem stationären Verlauf, sondern weisen einen Trend oder Saisoneffekte auf. Die Einbeziehung von Saisoneffekten führt zu SARIMA-Modellen, welche aber in dieser Arbeit nicht weiter Betrachtungsgegenstand sein sollen. Um allerdings Zeitreihen modellieren zu können, die mit einem Trend behaftet sind, bedarf es einer weiteren Modellklasse, welche im folgenden Abschnitt eingeführt wird.

3.4 Autoregressive Integrierte Moving-Average Modelle

Empirische Zeitreihen weisen oft eine Trendkomponente auf und sind somit nicht stationär. Kann der Trend einer Zeitreihe allerdings durch entsprechende Differenzenbildung

[20] Vgl. Granger/Morris (1976)
[21] Vgl. Merz (2013)
[22] Vgl. Schlittgen/Streitberg (2001), S. 133

eliminiert und der trendbereinigte Prozess dann dem ARMA(p, q)-Modell angepasst werden, entspricht dies einem Autoregressiven Integrierten Moving-Average Prozess. Die Modellklasse der ARMA-Prozesse ist mit der Möglichkeit der Differenzenbildung verallgemeinert worden.

Definition 3.4 *Ein stochastischer Prozess $(Y_t)_{t\in\mathbb{Z}}$ heißt Autoregressiver Integrierter Moving-Average Prozess der Ordnung (p, d, q) (kurz ARIMA(p, d, q)-Prozess), falls sich mittels d-facher Differenzenbildung die Darstellung eines ARMA(p, q)-Prozess $(\nabla^d Y_t)_{t\in\mathbb{Z}}$ erreichen lässt. Für ARIMA(p, d, q)-Prozesse gilt*

$$\Phi_p(L)(1 - L)^d Y_t = \Theta_q(L)\varepsilon_t$$

$\forall t \in \mathbb{Z}$ *und* $d \in \mathbb{N}_0$.

$\triangleleft$

Diese Ausgangsreihe $(Y_t)_{t\in\mathbb{Z}}$ folgt somit einem Modell, das durch Summation aus einem ARMA-Modell hervorgeht.[23]

Das zum AR-Anteil des ARIMA-Prozesses gehörige Polynom $\Phi_p(z)(1 - z)^d$ besitzt an der Stelle $z = 1$ d Nullstellen. Wenn das Autoregressive Polynom $\Phi_p(z)$ keine Nullstellen auf dem Einheitskreis hat, also $d = 0$ gilt, ist der ARIMA(p, d, q)-Prozess $(Y_t)_{t\in\mathbb{Z}}$ schwach stationär. Das ist durch die Tatsache begründet, dass der ARMA(p, q)-Prozess $((1 - \mathrm{L})^d Y_t)_{t\in\mathbb{Z}}$ genau dann schwach stationär ist, wenn das Autoregressive Polynom $\Phi_p(z)$ keine Nullstellen mehr auf dem Einheitskreis besitzt. So kann auf relativ einfache Weise Instationarität in Zeitreihen durch die ARIMA(p, d, q)-Modelle berücksichtigt werden. Allgemein formuliert gilt, dass ein Prozess "integriert der Ordnung d" (kurz $Y_t \sim I(d)$) ist, falls seine d-fachen Differenzen $(1 - \mathrm{L})^d Y_t$ einen stationären Prozess formen.

Enthält ein ARIMA(p, d, q)-Prozess keinen AR-Anteil ($p = 0$), entspricht dies einem Integrierten Moving-Average Prozess (kurz IMA(d, q)-Prozess). Liegt dagegen kein MA-Anteil vor ($q = 0$), heißt der Prozess Integrierter Autoregressiver Prozess (kurz ARI(p, d)-Prozess), welcher nach d-maligem Differenzieren zu einem AR-Prozess wird. Ein weiterer spezieller ARIMA-Prozess wurde bereits in den Grundlagen eingeführt. Ein Random Walk $Y_t = Y_{t-1} + \varepsilon_t$ für alle $t \in \mathbb{Z}$ ist nicht schwach stationär, kann jedoch durch einmalige Differenzenbildung in einen schwach stationären White-Noise Prozess (ε_t) überführt werden, wie im Folgenden gezeigt wird:

$$\nabla Y_t = Y_t - \mathrm{L}Y_t = Y_t - Y_{t-1} = \varepsilon_t \qquad \text{für alle } t \in \mathbb{Z}$$

[23] Vgl. Schlittgen/Streitberg (2001), S. 137

Der Prozess $(\nabla Y_t)_{t\in\mathbb{Z}}$ ist somit gleich dem stationären White-Noise Prozess $(\varepsilon_t)_{t\in\mathbb{Z}}$. Außerdem hat sich gezeigt, dass der Prozess (Y_t) ein ARIMA$(0,1,0)$-Prozess ist.

Anhand eines zusätzlichen Beispiels soll die Differenzenbildung noch weiter verdeutlicht weden. In Abbildung 4 ist ein simulierter ARIMA$(1,1,1)$ mit $n = 200$ und den Parameterwerten $\phi = 0,8$ und $\theta = -0,2$ dargestellt, welcher nach einmaliger Differenzenbildung stationär sein sollte. Der instationäre Ausgangsprozess Y_t ist also:

$$Y_t = 0,8Y_{t-1} + \varepsilon_t - 0,2\varepsilon_{t-1} \tag{3.5}$$

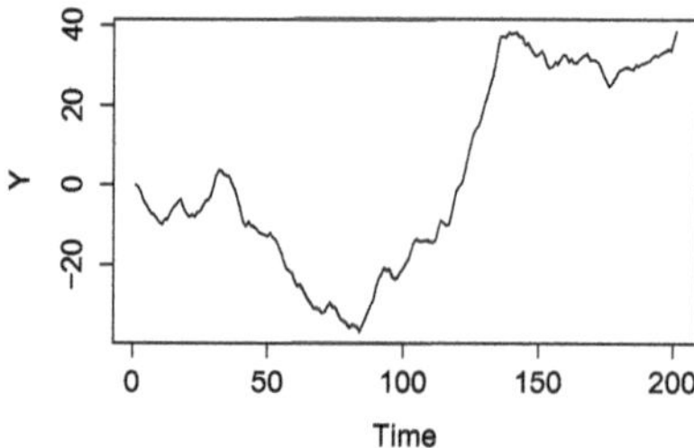

Abbildung 4: Darstellung eines simulierten ARIMA$(1,1,1)$-Prozesses

Einmalige Differenzenbildung von 3.5 führt zu:

$$\begin{aligned}\nabla Y_t &= (1 - \mathrm{L})Y_t = Y_t - Y_{t-1}\\ &= (0,8Y_{t-1} + \varepsilon_t - 0,2\varepsilon_{t-1}) - (0,8Y_{t-2} + \varepsilon_{t-1} - 0,2\varepsilon_{t-2})\\ &= 0,8Y_{t-1} - 0,8Y_{t-2} + \varepsilon_t - 1,2\varepsilon_{t-1} + 0,2\varepsilon_{t-2}\end{aligned}$$

Es ergibt sich ein ARMA$(2,2)$-Prozess, welcher stationär ist, wie sich in Abbildung 5 deutlich abzeichnet.

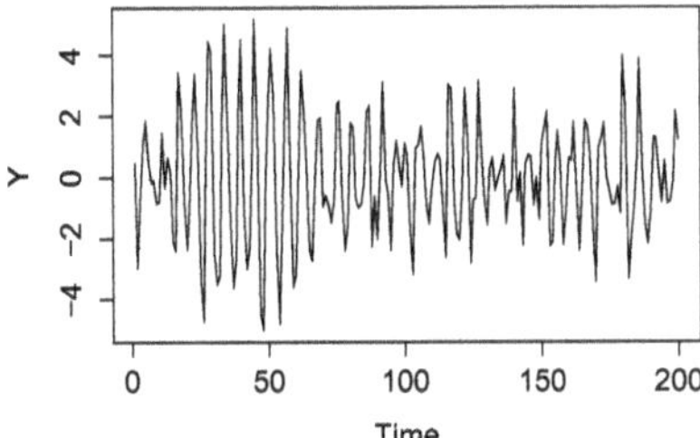

Abbildung 5: Darstellung des simulierten ARIMA$(1,1,1)$-Prozesses nach einmaliger Differenzenbildung

4 Modellspezifikation univariater Zeitreihenmodelle

In diesem Kapitel soll die Modellspezifikation der in Kapitel 3 eingeführten univariaten Zeitreihenmodelle thematisiert werden. Unter der Spezifikation von Zeitreihenmodellen wird die bestmögliche Anpassung eines geeigneten Modells an den zugrundeliegenden datengenerierenden Prozess verstanden. Dabei wird versucht, auf Basis der gegebenen vergangenen Daten ein Modell zu identifizieren, anzupassen und zu überprüfen. Ziel der Modellspezifikation ist ein gut angepasstes Modell, mit dem zukünftige Werte der Zeitreihe prognostiziert werden können. Diese Arbeit betrachtet hierzu das Verfahren nach George E. P. Box und Gwilym M. Jenkins. Box und Jenkins zeigten auf, dass es anhand der Autokorrelationsfunktion (ACF) und der partiellen Autokorrelationsfunktion (PACF) möglich ist, die Ordnung der dazugehörigen AR(p)-, MA(q)- und somit auch ARMA(p, q)-Modelle zu bestimmen. Der Box/Jenkins-Ansatz zur Modellspezifikation umfasst grundsätzlich drei Schritte.[24] Im Folgenden wird eine kurze Übersicht über die einzelnen Schritte gegeben, auf die in den nächsten Abschnitten dieser Arbeit dann im Detail eingegangen wird.

Der erste Schritt ist die *Modellidentifikation*, bei der das entsprechend passende Zeitreihenmodell identifiziert und seine Ordnung bestimmt wird. Dies kann, wie soeben erwähnt, durch die ACF und die PACF geschehen, welche für jedes Zeitreihenmodell eine charakteristische Verhaltensweise aufzeigen. Liegt zu Beginn der Modellspezifikation allerdings ein instationärer ARIMA(p, d, q)-Prozess vor, muss dieser zunächst in einen stationären ARMA(p, q)-Prozess überführt werden, bevor die Ordnungen des Modells p und q identifiziert werden können.

Im zweiten Schritt müssen die *Parameter* $\phi_1, \ldots, \phi_p$ und $\theta_1, \ldots, \theta_q$ der einzelnen Modelle *geschätzt* werden. Das Schätzverfahren hängt dabei vom jeweiligen Modelltyp ab, denn nicht alle Parameter der in Kapitel 3 vorgestellten Modelle können durch die gleichen Schätzverfahren berechnet werden. Am einfachsten zu schätzen sind die Parameter eines AR(p)-Modells, da sich dort aufgrund der Ähnlichkeiten zu dem klassischen Regressionsmodell die meisten Schätzverfahren anbieten, während für die Parameterschätzung von MA(q)- und ARMA(p, q)-Modellen nur unter bestimmten Voraussetzungen mehrere Schätzverfahren zur Verfügung stehen.

Nach der Parameterschätzung folgt im dritten Schritt die Überprüfung des angepassten Modells. Bei der *Modelldiagnose* wird sichergestellt, dass das angepasste Modell keine Parameter und damit Lags enthält, die insignifikant sind und die empirischen Residuen des Modells einem White-Noise Prozess folgen, sowie normalverteilt sind, sofern dies

[24] Vgl. Box/Jenkins/Reinsel (2008)

durch das Schätzverfahren zur Parameterbestimmung vorausgesetzt wurde. Beinhaltet das Modell noch Parameter, die nicht signifikant von Null verschieden sind, liegt ein überangepasstes Modell vor. Da dies nicht dem Prinzip der Sparsamkeit entspricht, muss das Modell in diesem Fall neu an die Daten angepasst werden. Auch wenn die Residuen keinen White-Noise Prozess repräsentieren oder nicht normalverteilt sind, muss eine erneute Modellanpassung anhand der drei Schritte vorgenommen werden.

4.1 Modellidentifikation

Ist ein Modell an eine gegebene Zeitreihe anzupassen, muss zunächst ermittelt werden, ob der Prozess einen stationären oder instationären Verlauf aufweist. Dies kann bereits an dem Zeitreihenplot der empirischen Autokorrelationsfunktion erkannt werden.

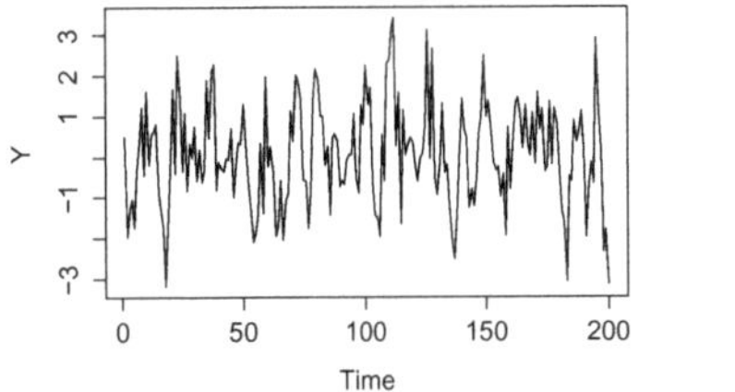

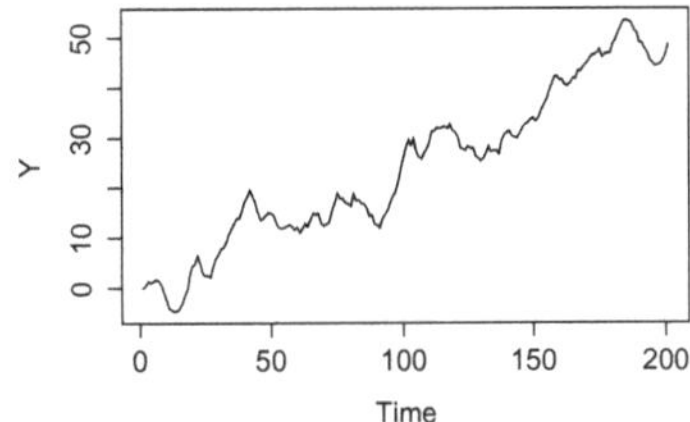

Abbildung 6: Darstellung eines stationären und eines instationären Prozesses

In Abbildung 6 sind zwei verschiedene Zeitreihen zu sehen, wobei die linke einen stationären Verlauf hat und somit um einen konstanten Wert schwankt. Die rechte Zeitreihe dagegen zeigt einen instationären Verlauf, was sich auch durch ein sehr langsames Abklingen der ACF äußert. Der Plot dieser Zeitreihe zeigt einen Trend auf, der durch Differenzenbildung eliminiert werden muss, damit auf der Basis eines stationären Prozesses dann die Ordnungen p und q ermittelt werden können.

Box und Jenkins zeigten 1976 auf, dass nach der Transformation in eine stationäre Zeitreihe die Ordnungen p und q anhand der empirischen Autokorrelationsfunktion und der empirischen partiellen Autokorrelationsfunktion bestimmt werden können. Dabei muss zwischen theoretischen und empirischen (partiellen) Autokorrelationsfunktionen unterschieden werden, da sie zwar einen ähnlichen, jedoch keinen exakt gleichen Verlauf aufweisen. Empirische Korrelationsfunktionen können sehr hohe Varianzen und auch eine hohe Korrelation untereinander aufweisen. Aus diesem Grund kann laut Kendall

(1945) in dem Verlauf einer empirischen Autokorrelationsfunktion kein exaktes Verhalten einer theoretischen Autokorrelation erwartet werden. Zur Veranschaulichung werden im Folgenden beispielhafte Plots zu den ACF und PACF simulierter Prozesse aller in Kapitel 3 eingeführten Zeitreihenmodelle aufgezeigt.

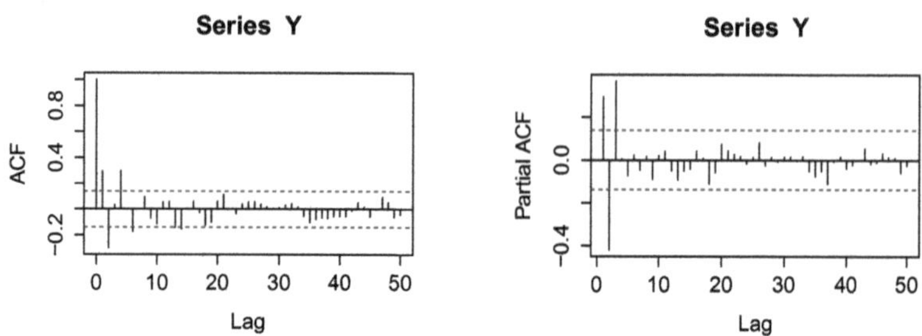

Abbildung 7: ACF und PACF eines AR(3)-Prozesses

Für die ACF und die PACF in Abbildung 7 ist ein stationärer AR(3)-Prozess mit $n = 200$ und den Parameterwerten 0,5, -0,4 und 0,3 simuliert worden. Die ACF und PACF wurden auf $N = 50$ Beobachtungen begrenzt. Die theoretische ACF ρ_τ eines stationären AR(p)-Prozesses fällt nach dem Lag p exponentiell gegen 0. Auch die empirische ACF $\widehat{\rho}_\tau$ klingt nach dem Lag p exponentiell ab, wie in Abbildung 7 zu sehen ist, wobei die Rekursion

$$\widehat{\rho}_\tau = \widehat{\phi}_1\widehat{\rho}_{\tau-1} + \ldots + \widehat{\phi}_p\widehat{\rho}_{\tau-p} \quad \text{für} \quad \tau > 0$$

näherungsweise erfüllt sein sollte. Für die theoretische PACF des AR(p)-Prozesses gilt das Abbrechen nach dem Lag p, also $\pi_\tau = 0$ für $|\tau| > p$. Die empirische PACF $\widehat{\pi}_\tau$ verbleibt dagegen nach dem Lag p mit hoher Wahrscheinlichkeit in den Grenzen $\pm 2/\sqrt{N}$, wie es auch in der Abbildung 7 der Fall ist. Aufgrund der Normalverteilung von $\widehat{\pi}_\tau$ entspricht die doppelte Standardabweichung annähernd einem 95%-Schwankungsintervall. Es kann davon ausgegangen werden, dass das AR-Modell keine insignifikanten Koeffizienten besitzt, wenn die Werte von $\widehat{\pi}_\tau$ nach dem Lag p innerhalb dieser Grenzen verbleiben. Weist die ACF eines Prozesses ein Abklingen nach dem Lag p auf und bricht die PACF nach dem Lag p ab, so kann die Modellanpassung des Prozesses durch einen AR-Modell erfolgen. Die Ordnung p wird dabei durch die empirische PACF bestimmt und definiert sich als das letzte Lag, welches das 95%-Schwankungsintervall schneidet. Gibt es nach dem Lag p noch weitere Ausschläge außerhalb des 95%-Schwankungsintervalls, sind diese nur zu beachten, wenn dafür inhaltliche Anhaltspunkte vorliegen. Diese fälschlicherweise als signifikant anerkannten Schwankungen können in 5% der Fälle vorkommen, was der Irrtumswahrscheinlichkeit des Signifikanztests entspricht, der für jedes Lag durchgeführt wird.[25]

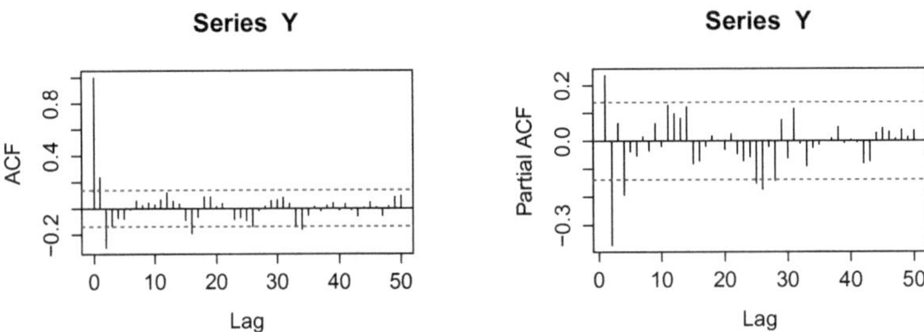

Abbildung 8: ACF und PACF eines MA(2)-Prozesses

In Abbildung 8 ist die ACF und die PACF eines simulierten invertierbaren MA(2)-Prozesses mit $n = 200$ und den Parameterwerten 0,4 und -0,2 dargestellt. Auch hier ist die Anzahl der Beobachtungen bei den Plots von ACF und PACF auf $N = 50$ reduziert. Die Plots des invertierbaren MA(q)-Prozesses in Abbildung 8 zeigen ein gegensätzliches Verhalten zu denen des AR-Prozesses. Die theoretische ACF ρ_τ des MA(q)-Prozesses bricht für $|\tau| > q$ ab, während für die empirische ACF $\widehat{\rho}_\tau$ für Lags $|\tau| > q$ approximativ

$$\widehat{\rho}_\tau \sim NV(0, (1 + 2\rho_1^2 + \ldots + 2\rho_q^2)/N)$$

gilt, wobei $(1 + 2\rho_1^2 + \ldots + 2\rho_q^2)/N$ die asymptotische Varianz darstellt und auch als *Formel von Bartlett* bezeichnet wird. Mit Hilfe der doppelten Standardabweichung können sogenannte Bartlett-Grenzen konstruiert werden:

$$\pm 2\sqrt{((1 + 2\rho_1^2 + \ldots + 2\rho_q^2)/N)}$$

Analog zu der PACF des AR(p)-Modells entsprechen diese Grenzen aufgrund der asymptotischen Normalverteilung der empirischen Aurokorrelationen in etwa einem 95%-Schwankungsintervall, durch das die Ordnung eines MA(q)-Prozesses ermittelt werden kann. Das letzte Lag, das die Bartlett-Grenzen schneidet, wird als Ordnung des MA(q)-Prozesses festgelegt. Die theoretische PACF π_τ eines MA-Prozesses klingt dagegen für $|\tau| > q$ exponentiell ab, ebenso wie ihr empirisches Gegenstück $\widehat{\pi}_\tau$, wie in der Abbildung 8 gut erkennbar ist. Es bietet sich also ein MA-Modell zur Anpassung an die Daten an, wenn die ACF eines Prozesses nach dem Lag q abbricht und die PACF für $|\tau| > q$ exponentiell abklingt. Auch hier gilt für inhaltlich irrelevante Lags nach dem

[25] Vgl. Johannssen (2009), S. 23

eigentlichen Abbruch oder Abklingen der ACF bzw. PACF, die fälschlicherweise als signifikant ausgewiesen werden, dass diese aus demselben Grund wie bei dem AR-Modell zu vernachlässigen sind.[26]

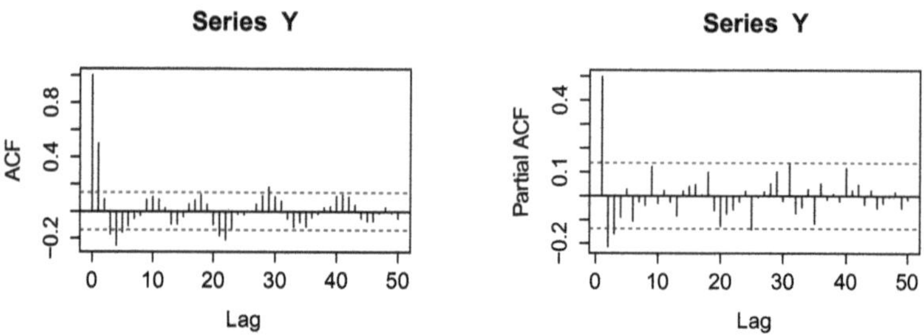

Abbildung 9: ACF und PACF eines ARMA(2, 2)-Prozesses

Die Bestimmung der Modellordnungen von ARMA(p, q)-Modellen anhand der Korrelationsfunktionen gestaltet sich dagegen schwieriger, wie in den entsprechenden Plots in Abbildung 9 zu sehen ist. Hierzu wurde ein ARMA(2, 2)-Prozess mit $n = 200$ und den Parameterwerten 0,8 und -0,4 für den AR-Anteil und -0,25 und 0,2 für den MA-Anteil des Prozesses simuliert. Wie in den vorangegangenen Abbildung sind die Beobachtungen bei der ACF und der PACF auf $N = 50$ begrenzt. In Abbildung 9 ist erkennbar, dass nicht nur die empirische ACF, sondern auch die empirische PACF exponentiell abklingen. Gleiches gilt für die theoretischen ACF und PACF eines ARMA(p, q)-Modells. Die ACF für ein gemischtes Modell mit einem Autoregressiven Anteil der Ordnung p und einem Moving-Average Anteil der Ordnung q ist eine Mischung aus Exponentialfunktion und gedämpften Sinuswellen nach den ersten $q - p$ Lags. Die PACF dagegen zeigt nach den ersten $p - q$ Lags einen gemischten Verlauf von Exponentialfunktion und den Sinuswellen.[27] Weisen also ACF und PACF eines Prozesses einen exponentiell fallenden Verlauf auf, deutet dies auf ein ARMA-Modell hin. Die zugrundeliegende Struktur des Prozesses ist schwer zu erkennen, weswegen sich in diesem Fall iterativ an ein richtiges Modell herangetastet wird, bis alle Autokorrelationen im Modell erfasst wurden. In der Praxis reichen allerdings meist schon ARMA-Modelle geringerer Ordnungen aus, um komplexe Prozesse darzustellen.[28]

[26] Vgl. Schlittgen (2012), S. 78
[27] Vgl. Montgomery/Jennings/Kulahci (2008), S. 254
[28] Vgl. Box/Jenkins/Reinsel (2008), S. 197

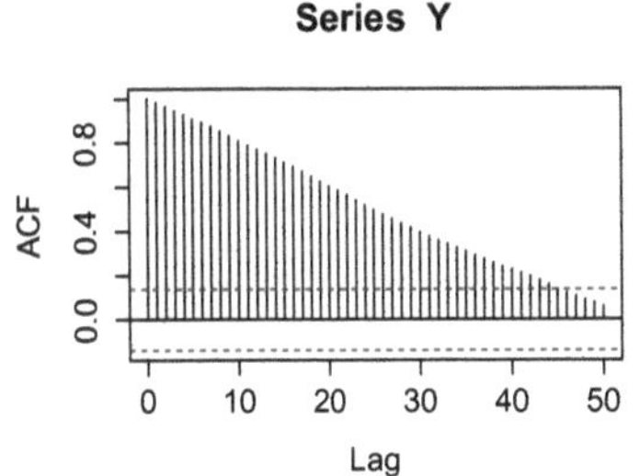

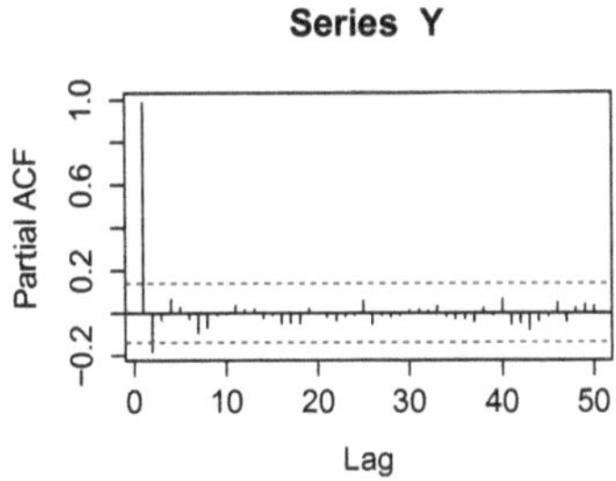

Abbildung 10: ACF und PACF eines ARIMA$(2,1,2)$-Prozesses

Für die Plots der ACF und PACF eines ARIMA(p,d,q)-Prozesses in Abbildung 10 wurde ein ARIMA$(2,1,2)$-Prozess mit $n = 200$ und den Parameterwerten 0,8 und -0,4 für den AR-Anteil und -0,2 und 0,4 für den MA-Anteil des Prozesses simuliert. Die Beobachtungen für die Darstellung der ACF und PACF sind auch hier auf $N = 50$ begrenzt. Die Bestimmung der Modellordnungen p und q anhand der ACF und PACF eines ARIMA(p,d,q)-Modells ist nicht möglich. Wie anhand von Abbildung 10 deutlich wird, lässt sich an den Plots lediglich erkennen, dass ein instationärer trendender Prozess vorliegt. Dieser Trend muss vor der Bestimmung der Modellordnungen allerdings mittels Differenzenbildung eliminiert werden. Erst danach liegt ein stationärer ARMA(p,q)-Prozess vor und die Modellordnungen p und q können bestimmt werden.

In der nachstehenden Tabelle 2 werden die typischen Verhaltensmuster der ACF und PACF der einzelnen Modelle zusammengefasst.

	ACF	PACF
AR(p)	Fällt exponentiell gegen 0	Bricht ab, sobald $\|\tau\| > p$
MA(q)	Bricht ab, sobald $\|\tau\| > q$	Fällt exponentiell gegen 0
ARMA(p,q)	Fällt exponentiell gegen 0	Fällt exponentiell gegen 0
ARIMA(p,d,q)	Nähert sich bei größer werdendem Lag τ sehr langsam der 0	Weist kein charakteristisches Verhaltensmuster auf

Tabelle 2: Charakteristisches Verhalten von ACF und PACF verschiedener Zeitreihenmodelle [29]

4.2 Schätzung der Modellparameter

Nachdem die Modellordnung bestimmt wurde, sollen in diesem Schritt der Modellspezifikation die Parameter $\phi_1, \ldots, \phi_p$ und $\theta_1, \ldots, \theta_q$ der einzelnen Modelle geschätzt

[29] Angelehnt an die Darstellung in Johannssen (2009), S. 17

werden. Es können jedoch nicht alle Parameter der verschiedenen Modellklassen mit denselben Schätzverfahren berechnet werden. Daher werden die Schätzverfahren der unterschiedlichen Modelltypen im Folgenden getrennt betrachtet.

Begonnen werden soll mit den Schätzverfahren für AR-Modelle. Aufgrund der konzeptionellen Ähnlichkeiten zwischen den klassischen Regressionsmodellen und AR(p)-Prozessen, können alle vier Ansätze, die sich bei Regressionsmodellen als Schätzverfahren anbieten, auch bei AR-Modellen genutzt werden. Die vier Standardansätze umfassen die *Momentenmethode*, die Verfahren der *Conditional Least Sum of Squares* und der *Unconditional Least Sum of Squares* sowie die *Maximum-Likelihood-Methode*. Basierend auf zentrierten, also mittelwertbereinigten Reihen ist die Definitionsgleichung

$$(Y_t - \mu) = \phi_1(Y_{t-1} - \mu) + \ldots + \phi_p(Y_{t-p} - \mu) + \varepsilon_t \tag{4.1}$$

mit $t \in \mathbb{Z}$, $p \in \mathbb{N}$ und dem White-Noise Prozess ε_t mit $E[\varepsilon_t] = 0$ und $\text{Var}(\varepsilon_t) = \sigma^2$ die Ausgangsgleichung für die Schätzverfahren der AR-Modelle. Die zu schätzenden Parameter sind somit $\phi_1, \ldots, \phi_p$ und μ, wobei es naheliegend ist, μ mit Hilfe des Mittelwertes $\overline{X}$ über alle N Beobachtungen zu schätzen.[30]

Zunächst soll die Momentenmethode vorgestellt werden, bei der so viele empirische Momente mit theoretischen Momenten gleichgesetzt werden, wie es Modellparameter zu schätzen gibt. Die daraus resultierenden Gleichungen werden nach den unbekannten Parametern aufgelöst. Wird von einem kausalen AR(p)-Prozess $(Y_t)_{t\in\mathbb{Z}}$ ausgegangen, können zum Schätzen der Parameter die Yule-Walker-Gleichungen herangezogen werden. Dies liegt darin begründet, dass zwischen den Parametern und den Autokorrelationen eines AR-Modells ein einfacher Zusammenhang existiert, der über die *Levinson-Durbin-Rekursion* für eine numerisch sehr effiziente Schätzung genutzt werden kann. Diese Rekursionsbeziehung findet sich in den Yule-Walker-Gleichungen

$$\rho_\tau = \phi_1\rho_{\tau-1} + \ldots + \phi_p\rho_{\tau-p}$$

mit $\tau > 0$ wieder, welche sich in Matritzenschreibweise zu

$$\begin{pmatrix} \rho_1 \\ \rho_2 \\ \vdots \\ \rho_p \end{pmatrix} = \begin{pmatrix} 1 & \ldots & \rho_{p-2} & \rho_{p-1} \\ \vdots & \ddots & \vdots & \vdots \\ \rho_{p-2} & \ldots & 1 & \rho_1 \\ \rho_{p-1} & \ldots & \rho_1 & 1 \end{pmatrix} \begin{pmatrix} \phi_1 \\ \phi_2 \\ \vdots \\ \phi_p \end{pmatrix}$$

mit $\rho_\tau = \rho_{-\tau}$ ergeben. Mit Hilfe dieser Darstellung können nun die Parameter $\rho_1, \ldots, \rho_p$

[30] Vgl. Schlittgen/Streitberg (2001), S. 251

und danach rekursiv auch ρ_τ ermittelt werden. Sind die empirischen Autokorrelationen bekannt, können über diesen Zusammenhang die Paramter $\phi_1, \ldots, \phi_p$ geschätzt werden. Für $T \to \infty$ läuft der Vektor der *Yule-Walker-Schätzer* $\widehat{\phi} = (\widehat{\phi}_1, \ldots, \widehat{\phi}_p)'$ asymptotisch gegen den wahren Parametervektor ϕ, es handelt sich also um konsistente Schätzer. Für AR(p)-Prozesse ist dies ein Vorteil, denn die Yule-Walker-Schätzer besitzen somit für $T \to \infty$ die kleinste Varianz und da AR-Modelle linear in den Koeffizienten $\phi_1, \ldots, \phi_p$ sind, stimmen die Yule-Walker-Schätzer daher asymptotisch mit den Kleinste-Quadrate-Schätzern überein. Es kann außerdem gezeigt werden, dass die Yule-Walker-Schätzer immer Modellparameter liefern, sodass der angepasste Prozess $(Y_t)_{t\in\mathbb{Z}}$ bezüglich des gegebenen White-Noise Prozesses ε_t kausal und somit stationär ist.[31]

Ein weiteres Schätzverfahren für AR-Modelle ist das Verfahren der Conditional Least Sum of Squares (CLS), welches im Wesentlichen der Kleinste-Quadrate-Methode entspricht. Dabei muss jedoch beachtet werden, dass es sich bei einem AR-Modell nicht um ein klassisches Regressionsmodell handelt, weswegen die Regressoren keine unabhängigen Variablen, sondern vergangene Zufallsvariablen sind und der Prozess $(Y_t)_{t\in\mathbb{Z}}$ zudem mit den zufälligen Fehlern ε_t korreliert ist. Bei diesem Verfahren werden die Parameter $\phi_1, \ldots, \phi_p$ durch die Minimierung der Summe der quadrierten Abweichungen geschätzt. Dies soll anhand eines AR(1)-Prozesses

$$(Y_t - \mu) = \phi(Y_{t-1} - \mu) + \varepsilon_t$$

verdeutlicht werden. Diese Gleichung kann als Regressionsmodell mit der abhängigen Y_t und der erklärenden Variable Y_{t-1} betrachtet werden. Zur Schätzung des Parameters ϕ_1 wird nun die Summe der quadrierten Differenzen

$$(Y_t - \mu) - \phi_1(Y_{t-1} - \mu)$$

minimiert. Da nur die Beobachtungen von $Y_1, \ldots, Y_T$ vorliegen, kann lediglich von $t = 2$ bis $t = T$ aufsummiert werden. Die *Conditional-Least-Sum-of-Square-Funktion* lautet dann wie folgt:

$$S_c(\phi, \mu) = \sum_{t=2}^{T} [(Y_t - \mu) - \phi(Y_{t-1} - \mu)]^2$$

[31] Vgl. Schlittgen/Streitberg (2001), 196/ 197

In allgemeiner Form lässt sie sich als

$$S_c(\phi,\mu) = \sum_{t=p+1}^{T} [(Y_t - \mu) - \phi_1(Y_{t-1} - \mu) - \ldots - \phi_p(Y_{t-p} - \mu)]^2$$

darstellen. Analog zu der Kleinste-Quadrate-Methode werden die Parameter μ und ϕ so geschätzt, dass $S_c(\phi,\mu)$ mit den gegebenen Beobachtungen $Y_1,\ldots,Y_T$ minimiert wird.[32] Das Verfahren der Unconditional Least Sum of Squares (ULS) ist eine Verfeinerung des CLS-Verfahrens. Hierbei werden in einem vorhergehenden Schritt die Werte für Y_0 und Y_{-1} geschätzt, damit die Summation des Schätzers der ULS-Methode bei $t = 1$ beginnen kann.[33] Ferner lässt sich zeigen, dass die KQ-Schätzer dieselben asymptotischen Eigenschaften wie die Yule-Walker-Schätzer besitzen. Sie sind also ebenso konsistente Schätzer und haben dieselbe asymptotische Normalverteilung. Ein Nachteil der KQ-Methode ist, dass sie keine Stationarität in den angepassten Modellen gewährleistet, wie es bei der Momentenmethode der Fall ist.

Das letzte Schätzverfahren für AR-Modelle, das in dieser Arbeit vorgestellt werden soll, ist die Maximum-Likelihood-Methode. Der Vorteil dieser Methode ist, dass alle Informationen der zugrundeliegenden Daten genutzt werden und nicht nur die der ersten und zweiten Momente, wie es bei der Kleinste-Quadrate-Methode der Fall ist. Dadurch liefert die ML-Methode bei kürzeren Zeitreihen bessere Schätzer als die Yule-Walker-Schätzer. Die Likelihood-Funktion $\mathcal{L}$ ist hierbei definiert als die gemeinsame Dichtefunktion aller vorliegenden Beobachtungen $Y_1,\ldots,Y_T$. Bei der ML-Methode sollte sinnvollerweise davon ausgegangen werden können, dass diese Zufallsvariablen normalverteilt sind. Bei Datensätzen ab 30 Beobachtungen muss eine approximative Normalverteilung über den zentralen Grenzwertsatz angenommen werden. Es wird somit ein Gauß Prozess betrachtet. Die Log-Likelihood-Funktion wird dann bezüglich der Parameter maximiert.[34] Die Werte der Parameter, bei denen die Log-Likelihood-Funktion maximiert wird, werden ML-Schätzer genannt. Da die ML-Methode erfordert, dass die Beobachtungen normalverteilt sind, müssen die Residuen des Modells im letzten Schritt der Modellspezifikation, der Modelldiagnose, auf die Normalverteilung überprüft werden, sofern die Parameter mit dieser Methode geschätzt wurden.

Die vorgestellten Schätzverfahren für AR-Modelle haben alle Vor- und Nachteile. Liegen kürzere Zeitreihen vor, liefert meist die ML-Schätzung die besten Ergebnisse. Die Yule-Walker-Schätzer gewährleisten dagegen immer Stationarität in den angepassten Modellen, was bei den anderen drei Methoden nicht zutrifft. Allerdings sollte die Reihe

[32] Vgl. Cryer/Chan (2008), S. 154
[33] Vgl. Schlittgen (2012), S. 62
[34] Vgl. Chan (2010), S. 45

vor der Anwendung der Yule-Walker-Schätzung einer *Taper-Modifikation* unterzogen werden, was dadurch begründet wird, dass die Ränder der zentrierten Reihe aufgrund einer zu hohen Gewichtung die Parameterschätzung verfälschen könnten, weshalb sie vor der Schätzung heruntergewichtet werden sollten. Die Unterschiede zwischen den einzelnen Verfahren liegen hauptsächlich in der Behandlung der Werte an den Rändern des beobachteten Intervalls. Denn bei genügend langen Reihen stimmen die Schätzer mit den tatsächlichen Parameterwerten überein, wie durch die folgende asymptotische Verteilungsaussage gezeigt wird. Für die Parameterschätzer eines AR(p)-Prozesses der Darstellung (4.1) gilt, dass

$$\sqrt{N}(\widehat{\phi}_1 - \phi_1), \ldots, \sqrt{N}(\widehat{\phi}_p - \phi_p)$$

gemeinsam asymptotisch normalverteilt mit dem Erwartungswertvektor 0 und der Kovarianzmatrix $\sigma^2 \cdot \mathbf{\Sigma}_p^{-1}$ ist. Dabei stellt $\mathbf{\Sigma}_p = [\gamma_{|i-j|}]$ die Kovarianzmatrix von p aufeinander folgenden Variablen des Prozesses dar. Die Unterschiede in den Ergebnissen der verschiedenen Methoden sind immer geringer, je länger die zu betrachtende Zeitreihe ist, da die einzige Ursache der Unterschiede immer weniger stark ins Gewicht fällt.[35]

Während für die AR-Modelle mehrere Schätzverfahren zur Auswahl stehen, gestaltet sich die Parameterschätzung für die MA(q)-Prozesse schwieriger. Dies ist vor allem in der Tatsache begründet, dass zwar die Werte $Y_1, \ldots, Y_T$ bei einem AR-Modell beobachtet werden können, nicht aber die Innovationen ε_t, aus denen das MA-Modell besteht. Liegt ein invertierbarer MA(q)-Prozess mit der AR(∞)-Darstellung

$$\varepsilon_t = Y_t \sum_{i=1}^{\infty} \varpi_j Y_{t-j}$$

vor, können die Parameter und die Innovationen ε_t über die Beobachtungen $Y_1, \ldots, Y_T$ geschätzt werden. Die Parameter ϖ sind hierbei allerdings nichtlinear verbunden. Dennoch können die Maximum-Likelihood-Methode, sowie die Verfahren CLS und ULS angewandt werden.

Bei der ML-Methode werden hierbei analog zum AR-Modell für die Modellparameter die Werte gewählt, hinsichtlich derer der Wert der gemeinsamen Dichte von $(Y_1, \ldots, Y_T)$ maximiert wird. Die daraus resultierenden ML-Schätzer geben für die Modellparameter die Werte an, die den gegebenen Beobachtungen $Y_1, \ldots, Y_T$ am besten entsprechen. Auch wenn es sich bei dem Prozess $(Y_t)_{t\in\mathbb{Z}}$ nicht um einen Gauß Prozess handelt, macht die Verwendung der Likelihoodfunktion bei MA(q)-Prozessen durchaus Sinn. Denn solange $(\varepsilon_t)_{t\in\mathbb{Z}}$ ein unabhängiger White-Noise Prozess ist, besitzt der ML-Schätzer asym-

[35] Vgl. Johannssen (2009), S. 20

ptotisch eine multivariate Normalverteilung, unabhängig davon, ob $(Y_t)_{t\in\mathbb{Z}}$ ein Gauß Prozess ist oder nicht. In diesem Fall werden die Schätzer *Quasi-ML-Schätzer* genannt, sind im Allgemeinen nicht mehr asymptotisch effizient und weisen bezüglich der MA-Modelle auch nicht mehr die kleinste Varianz auf.[36]

Wird die CLS-Methode angewandt, ergeben sich über den KQ-Ansatz nicht-lineare Schätzer, die mit Hilfe von numerischen Optimierungsroutinen bestimmt werden müssen. Mit denen durch die CLS-Methode gewonnenen Schätzungen können dann wieder mittels der ULS-Methode vergangene Beobachtungen der Zeitreihe kalkuliert werden, um eine verbesserte Anpassung der Modellparameter zu erlangen.

Ein besonderes Schätzverfahren, welches nur bei MA(q)-Modellen anwendbar ist, ist der *Innovationsalgorithmus* von Brockwell und Davis (2006). Bei diesem Ansatz werden die Parameterschätzer durch eine rekursive Bestimmung der Ein-Schritt-Prognosen $\widehat{Y}_{t,1}$ in Abhängigkeit von den Prognosefehlern $Y_{t+1} - \widehat{Y}_{t,1}$ ermittelt. Denn die Innovationen $\varepsilon_t, \varepsilon_{t-1}, \ldots$ entsprechen den Prognosefehlern $Y_t - \widehat{Y}_{t-1,1}, Y_{t-1} - \widehat{Y}_{t-2,1}, \ldots$ der optimalen Ein-Schritt-Prognosen, sodass die Parameter relativ einfach über diesen Zusammenhang ermittelt werden können. Hierbei wird von einem MA(q)-Prozess der Darstellung

$$Y_t = \varepsilon_t + \theta_1 \varepsilon_{t-1} + \ldots + \theta_q \varepsilon_{t-q}$$

mit $t \in \mathbb{Z}$, $q \in \mathbb{N}$, $E[\varepsilon_t] = 0$ und Autokovarianzfunktion γ_τ ausgegangen. Zusätzlich seien $\widehat{Y}_{0,1} = 0$ und $V_0 = \gamma(0)$. Die optimalen Ein-Schritt-Prognosen $\widehat{Y}_{t,1}, t \geq 1$ auf der Basis von $X_1, \ldots, X_{t-1}$ sind nun gegeben durch:

$$\widehat{Y}_{t,1} = \sum_{j=1}^{t} \vartheta_{tj}(Y_{t-j+1} - \widehat{Y}_{t-j,1})$$

mit

$$\vartheta_{t,t-k} = V_k^{-1}\left(\gamma(t-k) - \sum_{j=0}^{k-1} \vartheta_{k,k-j}\vartheta_{t,t-j}V_j\right) \quad \text{für} \quad k = 0, 1, \ldots, t-1$$

Die dazugehörigen mittleren quadratischen Fehler $V_t, t \geq 1$ ergeben sich zu:

$$V_t = \gamma(0) - \sum_{j=0}^{N-1} \vartheta_{t,t-j}^2 V_j$$

[36] Vgl. Rinne/Specht (2002), S. 396

Wenn der erwartete Prognosefehler

$$E[(Y_{t+1} - \widehat{Y}_{t,1})^2]$$

minimiert wird, ist die Ein-Schritt-Prognose optimal. Durch den Innovationsalgorithmus werden die *Innovations-Schätzern* für die Parameter eines MA(q)-Prozesses gewonnen. Für eine rekursive Anpassung eines MA(q)-Modells wird zunächst $\widehat{Y}_0 = \widehat{\gamma}(0)$,

$$\widehat{\vartheta}_{m,m-k} = \widehat{V}_k^{-1} \left(\widehat{\gamma}(m-k) - \sum_{j=0}^{k-1} \widehat{\vartheta}_{k,k-j} \widehat{\vartheta}_{t,t-j} \widehat{V}_j \right) \quad \text{für} \quad k = 0, 1, \ldots, m-1$$

und

$$\widehat{V}_m = \widehat{\gamma}(0) - \sum_{j=0}^{m-1} \widehat{\vartheta}^2_{m,m-j} \widehat{V}_j$$

gesetzt. Nachdem die rekursive Anpassung durchgeführt wurde, führt dies zu dem geschätzten Modell

$$Y_t = \varepsilon_t + \widehat{\vartheta}_{m1}\varepsilon_{t-1} + \ldots + \widehat{\vartheta}_{mm}\varepsilon_{t-m},$$

wobei (ε_t) ein White-Noise Prozess mit $\text{Var}(\varepsilon_t) = \widehat{V}_m$ ist. Mit diesem Verfahren werden nachträglich die Prognosen für vergangene Werte ermittelt, wobei die Beziehung zwischen den Innovationen und Prognosefehlern dann dazu genutzt werden kann, die Parameter des MA(q)-Modells zu schätzen.[37] Die Innovations-Schätzer sind asymptotisch normalverteilt, denn falls (Y_t) ein MA(q)-Prozess ist und m mit N gegen unendlich strebt, gilt für die einzelnen Parameter $\sqrt{N}(\widehat{\vartheta}_{mi} - \vartheta_i)$, dass sie asymptotisch normalverteilt sind.[38]

Sollen die Parameter für einen ARMA(p, q)-Prozess geschätzt werden, steht dasselbe Problem wie bei der Parameterschätzung für MA(q)-Prozesse bevor. Die Innovationen $\varepsilon_t, \varepsilon_{t-1}, \ldots, \varepsilon_{t-q}$ sind nicht beobachtbar. Besitzt der MA-Anteil des ARMA(p, q)-Prozesses allerdings eine AR(∞)-Darstellung, ist er also invertierbar, lassen sich auch hier wieder die Methoden ML, CLS und ULS zur Schätzung der Modellparameter nutzen. Ebenso lässt sich ein kausaler AR-Anteil eines ARMA(p, q)-Prozesses als MA(∞)-Darstellung schreiben und dann können mit Hilfe des Innovationsalgorithmus' die zugehörigen Parameter rekursiv geschätzt werden.

Neben den Schätzverfahren, die schon in den vorhergehenden Abschnitten für AR-

[37] Vgl. Schlittgen/Streitberg (2001), S. 263
[38] Vgl. Johannssen (2009), S. 22

oder MA-Modelle erwähnt wurden, gibt es ein spezielles Verfahren für ARMA(p,q)-Modelle. Es handelt sich hierbei um ein spezifisches Verfahren, welches auf Durbin (1960) zurückgeht und konsistente, nicht effiziente Schätzer liefert. Es wird dazu das ARMA(p,q)-Modell

$$Y_t = \phi_1 Y_{t-1} + \ldots + \phi_p Y_{t-p} + \varepsilon_t - \theta_1 \varepsilon_{t-1} - \ldots - \theta_q \varepsilon_{t-q}$$

als Regressionsmodell betrachtet. Die unbekannten Innovationen $\varepsilon_{t-1}, \ldots, \varepsilon_{t-q}$ werden durch die entsprechenden Residuen e_{t-i} approximiert, welche aus der Anpassung eines AR-Prozesses hoher Ordnung resultieren. Bei diesem Verfahren werden dazu mehrere Schritte durchgeführt. Zu Beginn wird vorläufig ein AR(k)-Prozess hoher Ordnung k unterstellt und die Parameter des Modells $\phi_1, \ldots, \phi_k$ mit Hilfe der Levinson-Durbin-Rekursion geschätzt. Im zweiten Schritt werden die Modellresiduen berechnet. Im dritten und letzten Schritt werden die Koeffizienten $\phi_1, \ldots, \phi_p, \theta_1, \ldots, \theta_q$ mit Hilfe des Kleinste-Quadrate-Ansatzes

$$\sum_t [Y_t - (\phi_1 Y_{t-1} + \ldots + \phi_p Y_{t-p} + \varepsilon_t - \theta_1 \varepsilon_{t-1} - \ldots - \theta_q \varepsilon_{t-q})]^2 \stackrel{!}{=} \min$$

geschätzt.[39]

Die Parameterschätzer $\widehat{\phi}$ und $\widehat{\theta}$ eines stationären und invertierbaren ARMA(p,q)-Prozesses der Darstellung $\phi(\mathrm{L})Y_t = \theta(\mathrm{L})\varepsilon_t$ mit $\phi_p \neq 0$ und $\theta_q \neq 0$ besitzen die folgenden Eigenschaften: $\widehat{\phi}_p$ und $\widehat{\theta}_q$ konvergieren mit Wahrscheinlichkeit Eins gegen die wahren Parameter ϕ_p und θ_q. Des Weiteren sind $\sqrt{N}(\widehat{\phi} - \phi)$ und $\sqrt{N}(\widehat{\theta} - \theta)$ asymptotisch multivariat normalverteilt.[40] Für die Anwendung von Signifikanztests, welche im nächsten Abschnitt dieser Arbeit thematisiert werden sollen, ist die Eigenschaft der multivariat normalverteilten Parameterschätzer zwingend notwendig.

4.3 Modelldiagnose

Nachdem die Modellordnung festgelegt und die Parameter des angepassten Modells geschätzt wurden, sollen in diesem dritten und letzten Schritt der Modellspezifikation die Parameterschätzer mit Hilfe verschiedener Tests auf ihre Signifikanz in dem angepassten Modell untersucht werden. Außerdem sollte überprüft werden, ob die empirischen Residuen des Modells einem White-Noise Prozess folgen. Beinhaltet das Modell Parameter und damit Lags, die für die Darstellung der zugrundeliegenden Daten insignifikant sind, entspricht dies einer Überanpassung des Modells. Da die Anpassung

[39] Vgl. Schlittgen/Streitberg (2001), S. 267
[40] Vgl. ebenda, S. 285

des Modells an die Daten jedoch bei der Modellspezifikation nach dem Prinzip der Sparsamkeit erfolgen sollte, ist eine Überanpassung kein wünschenswerter Zustand. In diesem Fall müssen die irrelevanten Parameter und die dazugehörigen Lags ausfindig gemacht und eliminiert werden, bevor das Modell teilweise oder komplett neu geschätzt wird. Im Zweifelsfall müssen die gesamten Daten einer erneuten Modellanpassung unterzogen werden und die Modellspezifikation steht wieder am Anfang.

Eine absichtliche Überanpassung, oder auch *Overfitting*, stellt jedoch nach dem Ansatz von Box/Jenkins (1976) auch ein Verfahren zur Überprüfung der Modellgüte eines ARMA-Modells dar. Bei dieser Methode wird an die Daten nach der Modellidentifikation zusätzlich zu dem Modell, welches für adäquat gehalten wird, auch ein umfassenderes Modell mit weiteren Parametern angepasst. Sollen die Parameter eines ARMA(p, q)-Modells überprüft werden, wird ein Modell größerer Ordnung geschätzt, wie beispielsweise ein ARMA$(p+1, q)$- oder ARMA$(p, q+1)$-Modell. Diese Überanpassung durch zusätzliche Parameter sollte niemals simultan auf beiden Seiten des ARMA-Modells geschehen, da es sonst leicht zu Parameterredundanz zwischen dem AR- und dem MA-Anteil des ARMA-Modells kommen kann. Unterscheiden sich die Parameterschätzungen deutlich, wenn das Modell erweitert wird oder weisen die neuen Parameter einen signifikant von Null verschiedenen Einfluss auf das Modell auf, sind dies Zeichen dafür, dass das erweiterte Modell den zugrundeliegenden Daten eher entspricht und für die Modellspezifikation genutzt werden sollte. Ein weiteres Zeichen für ein zunächst falsch angepasstes, zu kleines Modell ist die deutliche Senkung der Residualvarianz, wenn das Modell erweitert wird.[41]

Um die einzelnen Parameter auf ihre Signifikanz von Null verschieden zu überprüfen und damit auch, ob die erklärenden Variablen einen signifikanten Einfluss haben, bietet sich die jeweilige *t-Statistik* an. Mit ihr soll untersucht werden, ob es sinnvoll ist, ein bestimmtes Lag mit in das Modell aufzunehmen. Die t-Statistik ist das Verhältnis des Parameterschätzers zu seiner geschätzten Standardabweichung. Für die AR- und MA-Parameter ergibt sie sich zu

$$T_i = \frac{\widehat{\phi}_i}{\widehat{\sigma}_{\widehat{\phi}_i}} \quad \text{bzw.} \quad T_i = \frac{\widehat{\theta}_i}{\widehat{\sigma}_{\widehat{\theta}_i}}.$$

Es wird unter Annahme normalverteilter Innovationen die Nullhypothese $H_0 : \phi_i = 0$, bzw. $H_0 : \theta_i = 0$ gegen die Alternativhypothese $H_1 : \phi_i \neq 0$ bzw. $H_1 : \theta_i \neq 0$ getestet, d.h. ob ein bestimmter Koeffizient signifikant von Null verschieden ist. Dabei sind die t-Statistiken approximativ standardnormalverteilt. Der entsprechende *p-Wert* gibt die Wahrscheinlichkeit an, dass die Teststatistik einen noch extremeren Wert annimmt als

[41] Vgl. Schlittgen/Streitberg (2001), S. 331/ 332

den derzeitig erhaltenen Wert.[42] Je kleiner diese Wahrscheinlichkeit für einen Parameter ist, desto wichtiger ist dieser für das angepasste Modell. Denn mit signifikant von Null verschiedenen Koeffizienten geht der Erklärungsgehalt des zugehörigen Lags einher. Bei einem Signifikanzniveau von $\alpha = 5\%$ beträgt das zugehörige $97,5\%-$Quantil der Standardnormalverteilung 1,96, weswegen oft die generalisierte Aussage getroffen wird, ein Koeffizient sei als wichtig einzustufen, wenn $|t(\widehat{\phi}_i)|$ bzw. $|t(\widehat{\theta}_i)|$ den Wert 2 überschreitet. So kann mit Hilfe der t-Statistik auch ohne einen p-Wert eine Aussage darüber gemacht werden, ob ein bestimmter Parameter signifikant von Null verschieden ist. Typische Werte für das Signifikanzniveau α sind im Fall der Modellspezifikation $\alpha = 0,01$ oder $\alpha = 0,05$. Ist der zugehörige p-Wert kleiner als das zuvor festgelegte α, ist also $p < 0,01$ bzw. $p < 0,05$, kann die Nullhypothese H_0 zugunsten der Alternativhypothese H_1 verworfen werden und der Parameter hat bei einer Irrtumswahrscheinlichkeit von 1% bzw. 5% einen von Null verschiedenen signifikanten Einfluss in dem angepassten Modell. Der p-Wert gibt somit das minimale Signifikanzniveau $\alpha \in (0,1)$ an, zu dem die Nullhypothese $H_0 : \phi_i = 0$, bzw. $H_0 : \theta_i = 0$ verworfen wird. Desweiteren können die Parameterschätzungen auch mittels des F-Tests oder Konfidenzintervallen auf Signifikanz getestet werden.

Wie zu Beginn dieses Abschnittes schon erwähnt wurde, führen insignifikante Lags zu einer restringierten Neuschätzung des anfänglich angepassten Modells. Dies führt zu dem Begriff der Anpassung von *Subset-Modellen*, welche mittels verschiedener Informationskriterien untereinander und auch mit den Modellen mit vollständiger Parameteranzahl verglichen werden können.

Zwei wichtige Informationskriterien, die zum Vergleich verschiedener (Subset-)Modelle herangezogen werden können, sind das *Akaike Information Criterion* (*AIC*) und das *Bayesian Information Criterion* (*BIC*). Beide Informationskriterien beurteilen die Güte des angepassten (Subset-)Modells und die Komplexität des Modells anhand der Anzahl der Parameter. Da bei der Modellanpassung oftmals Modelle mit vielen Parametern bevorzugt werden, wird bei den Informationskriterien die Anzahl der Parameter "bestrafend" berücksichtigt.

Mit $\widehat{\sigma}^2(p,q)$ als geschätzte Residualvarianz ergibt sich das *AIC* eines ARMA-Modells zu

$$AIC(p,q) = ln(\widehat{\sigma}^2(p,q)) + \frac{p+q}{N}.$$

Das *AIC* wird mit wachsendem p oder q sinken, da sich die Residualvarianz in diesem

[42] Vgl. Johannssen (2009), S. 23

Fall zunächst stark reduziert. Die Reduzierung erfolgt jedoch immer langsamer und dadurch hat der Strafterm $(q+p)/N$ eine stärkere Auswirkung auf das AIC. Das Modell ist dann optimal, wenn das AIC minimal ist. Da durch das AIC eher zu Modellen mit vielen Parametern tendiert wird, was nicht dem Prinzip der Sparsamkeit entspricht, soll das BIC betrachtet werden, welches sich für ein ARMA(p, q)-Modell als

$$BIC(p,q) = ln(\widehat{\sigma}^2(p,q)) + \frac{(p+q) \cdot ln(N)}{N}$$

darstellen lässt. Hierbei wird die Komplexität des Modells mit $(p+q) \cdot ln(N)$ deutlich stärker bestraft als beim AIC. Bei der Verwendung des BIC werden demnach oft sparsamere Modelle mit weniger Parametern favorisiert, weswegen in der Praxis eher dieses Informationskriterium verwendet wird. Die Modellordnungen p und/oder q eines AR-, MA- oder ARMA-Modells wird dabei durch die Anzahl der geschätzten Parameter ersetzt, die in das Subset-Modell eingehen. Es wird das Modell ausgewählt, bei dem das Informationskriterium am geringsten ist.[43]

Grundsätzlich könnten von vornherein mehrere Subset-Modelle an eine Zeitreihe angepasst und dann das Modell ausgewählt werden, welches den geringsten Informationskriteriumswert aufweist. Ein Nachteil beider Kriterien ist allerdings, dass sie nicht berücksichtigen, ob einzelne Koeffizienten und damit auch die dazugehörigen Lags überhaupt signifikant für das Modell sind oder nicht. Dies muss daher mittels geeigneter Teststatistiken, wie t-Statistik, F-Statistik oder durch Konfidenzintervalle, überprüft werden.

Der letzte Schritt der Modellspezifikation ist die Überprüfung der Anpassungsgüte anhand einer sorgfältigen Analyse der Residuen. Ist ein gut angepasstes Modell gefunden, sollten die Residuen keine Struktur mehr aufweisen und einem White-Noise Prozess folgen. Als grafisches Hilfsmittel können hierzu die ACF und die PACF der Residuen betrachtet werden. Weisen die Kennfunktionen noch deutlich von Null verschiedene (partielle) Korrelationen auf, sollten zusätzliche Koeffizienten in das Modell mit aufgenommen werden. Weisen manche Lags der ACF oder PACF signifikante Ausschläge auf, kann davon ausgegangen werden, dass Korrelationen in den Residuen verblieben sind.

Zur Überprüfung der Unkorreliertheit der Residuen kann allerdings auch der *Ljung-Box-Pierce-Test* herangezogen werden. Er wird auch als *Portmanteau-Test* bezeichnet und testet die Güte der Modellanpassung anhand der Residualreihe. Die ursprüngliche

[43] Vgl. Schlittgen (2012), S. 68

Teststatistik von Box/Pierce (1970)

$$Q = N(\hat{r}_1^2 + \hat{r}_2^2 + \ldots + \hat{r}_k^2)$$

zeigte, dass die Teststatistik Q bei einem korrekt geschätzten ARMA(p, q)-Modell für große N approximativ χ^2-verteilt ist mit $K - p - q$ Freiheitsgraden. Da der ursprüngliche Test von Box/Pierce für $N \geq 100$ jedoch keine zufriedenstellende Erbnisse liefern konnte, modifizierten Ljung/Box (1978) den Test soweit, dass er nun für Stichprobenumfänge $N \geq 100$ anwendbar ist. Für kurze Zeitreihen ist die Verwendung dieser modifizierten Teststatistik allerdings nicht mehr empfehlenswert.[44] Unter der Nullhypothese, dass die Residuen unkorreliert sind, ergibt sich die Teststatistik zu

$$Q = N(N+2) \sum_{\tau=1}^{k} \frac{\tilde{r}_\tau^2}{N - \tau}.$$

$\tilde{r}_\tau^2$ stellt dabei die ACF der Residualreihe dar. Bei einem korrekt geschätzten Modell ist Q asymptotisch χ^2-verteilt mit $k - p$ Freiheitsgraden:[45]

$$Q \dot{\sim} \chi^2_{k-p}$$

Bei einem korrekt geschätzten ARMA(p, q)-Modell dagegen gilt:

$$Q \dot{\sim} \chi^2_{k-p-q}$$

Die Teststatistik Q sollte für verschiedene k bestimmt werden, um alle Residualkorrelationen zu berücksichtigen. Dabei sollte k größer als die höchste berücksichtigte Modellordnung sein, also $k > p$ und im Fall des ARMA(p, q)-Modells $k > p + q$.[46] Ist der zur Teststatistik zugehörige p-Wert größer als das vorgegebene Signifikanzniveau α (also $p > 1\%$ oder $p > 5\%$), kann die Nullhypothese nicht verworfen werden und es wird trotz Nichtablehnung der Nullhypothese angenommen, dass alle Residuen unkorreliert sind. Liegen weiterhin korrelierte Residuen vor, ist das geschätzte Modell noch nicht das richtige. In diesem Fall müssen entweder weitere Koeffizienten in das Modell mit aufgenommen werden oder es werden Subset-Modelle gebildet, um das richtige Modell mit Hilfe der Informationskriterien zu ermitteln.

Die Residuen des angepassten Modells müssen außerdem auf Normalverteilung überprüft werden, wenn bei der Parameterschätzung ein Verfahren zur Anwendung kam, welches die Normalverteilung vorraussetzt, wie es bei den ML-Schätzern der Fall ist.

---

[44] Vgl. Johannssen (2009), S. 24
[45] Vgl. Rinne/Specht (2002), S. 388
[46] Vgl. Box/Jenkins/Reinsel (2008), S. 339/340

Da insbesondere die ML-Schätzer auf der Normalverteilungsannahme basieren, sollte diese Überprüfung bei der Verwendung dieser Schätzer auf jeden Fall durchgeführt werden. Die Normalverteilung der Residualreihe kann durch einen sogenannten *Quantile-Quantile-Plot* (QQ-Plot) überprüft werden. Zwei solcher QQ-Plots sind beispielhaft in Abbildung 11 dargestellt.

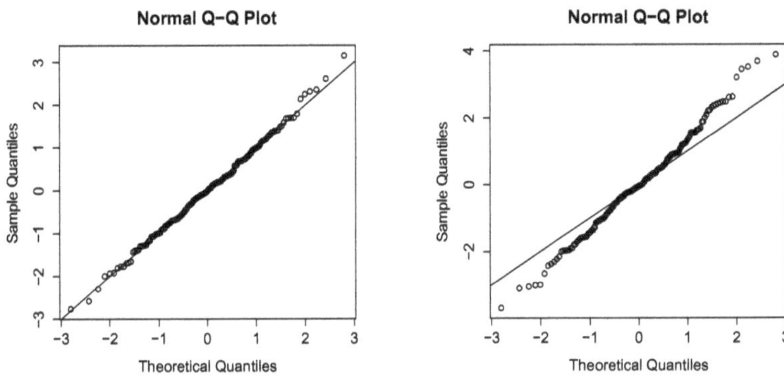

Abbildung 11: QQ-Plots eines gut angepassten und eines schlecht angepassten Modells

Auf der Ordinate sind die Residuen der Größe nach geordnet abgetragen, auf der Abszisse die entsprechenden Quantile der Standardnormalverteilung. Die empirischen standardisierten Residuen streuen dabei unsystematisch um eine 45°-Linie, falls sie normalverteilt sind. Das ist der Fall, wenn die empirischen und die theoretischen Quantile annähernd übereinstimmen, wie es im linken QQ-Plot der Abbildung 11 gut erkennbar ist. Für diesen QQ-Plot wurden Daten mithilfe eines AR(3)-Modells simuliert und diesen wiederum ein AR(3)-Modell angepasst. Abweichungen von der Normalverteilung weisen entweder auf ein schlecht angepasstes Modell hin oder es besteht die Notwendigkeit, die Ausgangsreihe nicht-linear zu transformieren.[47] Der rechte QQ-Plot in Abbildung 11 ist aufgrund eines schlecht angepassten Modells entstanden. Hier wurden Daten durch ein AR(5)-Modell simuliert. Diesen Daten wurde dann ein AR(1)-Modell angepasst. Die Residuen weichen hierbei stark von der Normalverteilung ab. Falls noch solche korrelierte, nicht normalverteilte Residuen vorliegen, gilt wie bei den insignifikanten Koeffizienten, dass ein erweitertes Modell geschätzt werden sollte, in dem die Abhängigkeiten der Residuen berücksichtigt werden. Dieses Modell erzeugt neue Parameter und Residuen, die es auf Signifikanz von Null verschieden bzw. Unkorreliertheit zu testen gilt.

[47] Vgl. Johannssen (2009), S. 25

Die Modellspezifikation endet, sobald ein geeignetes Modell zur Anpassung an die zugrundeliegenden Daten gefunden ist. Dies trifft zu, wenn keine insignifikanten Parameterschätzer mehr im Modell vorhanden sind und außerdem die Residuen des angepassten Modells keiner Systematik folgen und normalverteilt sind, sofern Verfahren zur Anwendung kommen, die eine Normalverteilung voraussetzen. Mit dem angepassten Modell können dann Prognosen für zukünftige Werte der Zeitreihe durchgeführt werden.

5 Schlussbetrachtung

Sollen Daten, die in der Ökonometrie kontinuierlich über die Zeit hinweg beobachtet wurden, für die Prognose zukünftiger Werte der Zeitreihe genutzt werden, muss zunächst ein geeignetes Modell spezifiziert werden, welches den datengenerierenden Prozess adäquat abbildet. Dieser Vorgang nennt sich Modellspezifikation und vollzieht sich in mehreren Schritten. Eine grundlegende Voraussetzung für die Modellspezifikation ist dabei die Stationarität. In Kapitel 3 wurden zunächst die univariaten Zeitreihenmodelle vorgestellt, die für eine Anpassung zur Verfügung stehen. Es wurde deutlich gemacht, dass auch instationäre Zeitreihen anhand von ARIMA-Prozessen modelliert werden können. Diese müssen allerdings innerhalb der Modellspezifikation mittels Differenzenbildung in einen stationären ARMA-Prozess umgewandelt werden, da nur so zukünftige Werte prognostiziert werden können.

Die Spezifikation von Zeitreihenmodellen wurde in Kapitel 4 thematisiert und umfasst drei Schritte, welche nacheinander durchgeführt werden müssen, um am Ende ein gut angepasstes Modell zu erhalten. Der erste Schritt ist die Modellidentifikation. Hier kann anhand des Box-Jenkins-Ansatzes die vorliegende Zeitreihe relativ einfach anhand ihrer Autokorrelationsfunktion und partiellen Autokorrelationsfunktion einem der in Kapitel 3 vorgestellten Modelle zugeordnet werden. Dies liegt darin begründet, dass die ACF und die PACF bestimmte Charakteristiken für die jeweiligen Modelle aufweisen, die eine Zuordnung begünstigen. Wurde ein ARIMA-Prozess identifiziert, muss dieser vor dem nächsten Schritt durch Differenzenbildung in einen stationären ARMA-Prozess transformiert werden.

Der zweite Schritt der Modellspezifikation ist die Schätzung der Modellparameter, welche mit dem zugeordneten Modell einhergehen. Da die Parameterschätzung nicht für alle Zeitreihenmodelle vereinheitlicht werden kann, wurden hierzu die Schätzverfahren für die Modelle einzeln vorgestellt. Für einen AR-Prozess können dafür die ML- und die Momentenmethode sowie die Verfahren der CLS und ULS genutzt werden. Die Problematik der nicht beobachtbaren Innovationen, die in einem MA- oder ARMA-Modell vorliegen, schränkt die Parameterschätzung dieser Modelle ein wenig ein. Besitzt der MA-Prozess oder auch der MA-Anteil eines ARMA-Prozesses eine AR(∞)-Darstellung, können dort jedoch die gleichen Schätzerverfahren wie für die AR-Prozesse angewandt werden. Zusätzlich bietet sich bei MA-Modellen der Innovationsalgorithmus von Brockwell und Davis an, während bei den ARMA-Modellen ein spezifisches Verfahren nach Durbin zur Verfügung steht.

Im dritten und letzten Schritt der Spezifikation soll das Modell genauer betrachtet und auf insignifikante Parameter überprüft werden. Bei dieser sogenannten Modelldiagnose soll ebenfalls sichergestellt werden, dass die empirischen Residuen eines Modells einem White-Noise-Prozess folgen. Es wurden verschiedene Verfahren, wie die Überanpassung, die t-Statistik und Informationskriterien, zur Überprüfung der von Null verschiedenen Signifikanz einzelner Parameter vorgestellt. Sollen die Residuen auf Unkorreliertheit getestet werden, kann dies durch den Ljung-Box-Pierce-Test geschehen. Für die Überprüfung der geforderten Normalverteilung der Residuen, falls bei der Parameterschätzung ein Verfahren zur Anwendung kam, welches die Normalverteilung voraussetzt, können Quantile-Quantile-Plots eine hilfreiche Darstellung sein.

Liegen keine insignifikanten Parameter mehr vor und folgen die Residuen des Modells einem White-Noise-Prozess, ist das Modell den vorliegenden Daten bestmöglich angepasst. Nun können mit Hilfe des angepassten Modells Prognosen für zukünftige Werte der Zeitreihe berechnet werden.

Literaturverzeichnis

Box, G. E. P./ Jenkins, G. M./ Reinsel, G.C. (2008): *Time Series Analysis: Forecasting and Control.* New Jersey, Wiley. 4. Auflage.

Box, G. E. P./ Pierce, D. A. (1970): *Distribution of Residual Autocorrelation in Autoregressive-Integrated Moving-Average Time Series Models.* Journal of the American Statistical Association **65**, S. 1509-1526.

Brockwell, P. J./ Davis, R. A. (2006): *Time Series: Theory and Methodes.* New York, Springer Verlag. 2. Auflage.

Chan, N. H. (2010): *Time Series Applications to Finance with R and S-Plus.* New Jersey, Wiley. 2. Auflage.

Cryer, J. D./ Chan, K.-S. (2008): *Time Series Analysis.* New York, Springer Verlag. 2. Auflage.

Durbin, J. (1960): *The fitting of time-series models.* Revue de l'Institut Internationale de Statistique **28**, S. 233-243.

Granger, C. W. J./ Morris, M. J. (1976): *Time Series Modelling and Interpretation.* J. R. Statist. Soc. A **139**, S. 246-257.

Hackl, P. (2005): *Einführung in die Ökonometrie.* Pearson Studium, München.

Johannssen, A. (2009): *Modellspezifikation von multivariaten ökonomischen Zeitreihen.* Norderstedt, GRIN Verlag.

Kendall, M. G. (1945): *On the Analysis of Oscillatory Time-Series.* Journal of the Royal Statistical Society **108**, S. 93-141.

Ljung. G. M./ Box, G. E. P. (1978): *On a measure of lack of fit in time series models.* Biometrika **65**, S. 297-303.

Merz, M. (2013): *Regressionsmodelle mit Anwendungen in der Versicherungs- und Finanzwirtschaft.* (Unveröffentlichtes) Vorlesungsskript im Wintersemester 2013/2014 der Universität Hamburg, Hamburg.

Montgomery, D. C./ Jennings, C. L./ Kulahci, M. (2008): *Introduction to Time Series Analysis and Forecasting.* New Jersey, Wiley.

Neusser, K. (2009): *Zeitreihenanalyse in den Wirtschaftswissenschaften.* Wiesbaden, Vieweg + Teubner. 2. Auflage.

Rinne, H./ Specht, K. (2002): *Zeitreihen - Statistische Modellierung, Schätzung und Prognose.* München, Verlag Franz Vahlen GmbH.

Schlittgen, R. (2012): *Angewandte Zeitreihenanalyse mit R.* München, Oldenbourg Verlag. 2. Auflage.

Schlittgen, R./ Streitberg, B. H. J. (2001): *Zeitreihenanalyse.* München, Oldenbourg Verlag. 9. Auflage.

Shumway, R. H./ Stoffer, D. S. (2010): *Time Series Analysis and Its Applications.* New-York, Springer Verlag. 3. Auflage.

Tsay, R. S. (2010): *Analysis of Financial Time Series Analysis.* New Jersey, Wiley. 3. Auflage.

Wold, H. (1938): *A Study in the Analysis of Stationary Time-Series.* Uppsala, Almqvist und Wiksells.